Benjamin Althaus

Naturwissenschaftliches Methodentraining

Entwicklung eines Moduls zur Schulung von Kompetenzen naturwissenschaftlichen Arbeitens

GRIN Verlag

Bibliografische Information der Deutschen Nationalbibliothek:

Die Deutsche Bibliothek verzeichnet diese Publikation in der Deutschen Nationalbibliografie; detaillierte bibliografische Daten sind im Internet über http://dnb.d-nb.de/ abrufbar.

Impressum:

Druck und Bindung: Books on Demand GmbH, Norderstedt Germany
ISBN: 978-3-640-32156-8

Althaus, Benjamin

Studienseminar für Lehrämter Leverkusen
Lehramt für Gymnasien und Gesamtschulen (Gy/Ge – Sek II)

Entwicklung eines Moduls zur Schulung von Kompetenzen naturwissenschaftlichen Arbeitens im Rahmen eines Methodentrainings

INHALTSVERZEICHNIS

1 EINLEITUNG

Am Gymnasium Schaurtestraße wird seit vier Jahren für Schüler, die neu in die Jahrgangsstufe 11 gekommen sind, ein Methodentraining durchgeführt, das sie auf die Oberstufe vorbereiten soll. Alle Schüler sind im Laufe der Sekundarstufe I zwar mit diversen Arbeitsweisen in Kontakt gekommen, haben aber oft kein „Methodenbewusstsein" entwickelt, wissen also nicht, welche Methoden zu welchen Unterrichtsinhalten passen und wo die jeweiligen Stärken und Schwächen liegen. Außerdem sind Erfahrung und Vertrautheit der SchülerInnen mit den diversen Methoden recht unterschiedlich ausgeprägt. Einige lesen einen Text sehr schnell, markieren ihn und sind in der Lage, lineare Informationen in einer übersichtlichen Mind Map zu gliedern. Andere hingegen sitzen nach zehn Minuten noch vor ihrem Text, ohne sich auch nur eine Notiz gemacht zu haben. Im Zentrum des Methodentrainings am Gymnasium Schaurtestraße stehen also ein bewusster Umgang mit Methoden an sich und der Versuch, alle SchülerInnen auf eine in etwa gleiche Könnensstufe bzgl. Methodenarbeit zu bringen.

Im letzten Jahr hatte ich die Möglichkeit, als Mitglied eines Lehrerteams das Methodentraining mit zu organisieren und durchzuführen und so eine Einsicht in die Struktur, die Grundgedanken und auch die Probleme dieses Programms zu erhalten. Das Methodentraining besteht aus verschiedenen Modulen unterschiedlicher Länge (1 – 4 Schulstunden), die in abwechslungsreicher Reihenfolge und unabhängig voneinander durchgeführt werden. In jeder dieser Trainingseinheiten werden jeweils andere Methoden und Fertigkeiten trainiert. Es gibt Module zur Förderung der Teamfähigkeit, zur Visualisierung von Texten und zum Erstellen einer Mind Map. Außerdem gibt es Übungen zur Förderung des Lesetempos, zum systematischen Lesen, zum Markieren und Unterstreichen sowie zum Memorieren von Texten.

Aus dieser Aufzählung wird bereits deutlich, dass das Methodentraining am Gymnasium Schaurtestraße sehr „textlastig" ist und naturwissenschaftliche Arbeitsweisen stark unterrepräsentiert sind. Da aber gerade in der Oberstufe den SchülerInnen ein freies Arbeiten und eigenständiges Reflektieren bzw. Lösen naturwissenschaftlicher Fragestellungen abverlangt wird, erachte ich es als unbedingt sinnvoll, das Training um ein entsprechendes Modul zu erweitern. Ein entsprechender Wunsch wurde auch von einigen FachkollegInnen an mich herangetragen, die es bedauerten, dass die Trainingswoche bisher zu wenig genutzt wird, um naturwissenschaftliche Vorgehensweisen transparenter zu machen. Selbst wenn SchülerInnen bereits in der Sekundarstufe I naturwissenschaftlich gearbeitet und experimentiert haben, so waren sich dabei doch die wenigsten der methodischen Strukturen bewusst, denen ihr Arbeiten unterlag. Heinz Klippert formuliert diesen Missstand wie folgt:

> Die im Unterricht praktizierten Lernmethoden sind über weite Strecken Lehrermethoden, d. h., die Lehrkräfte weisen an und bahnen so den methodischen Weg *für* die Schüler. Kein Wunder also, dass viele Schüler recht hilflos sind, wenn die gewohnte Lehreranweisung fehlt. [...] Methoden müssen praktisch-experimentell geübt und gelernt werden; sie können erfahrungsgemäß nur sehr begrenzt „gelehrt" werden![1]

Nur zu oft werden Experimente im Biologie-, Chemie- oder Physikunterricht als lineare Handlungsanweisungen durchgeführt, die den SchülerInnen nur wenig reflexive Distanz zum Geschehen abverlangen, da hier hauptsächlich die Endergebnisse im Fokus stehen. Selten sind sich SchülerInnen beim Eintritt in die Jahrgangsstufe 11 der Tatsache bewusst, dass dem naturwissenschaftlichen Arbeiten stets ein ähnliches Muster zu Grunde liegt, das unabhängig vom zu untersuchenden Gegenstand auf verschiedenste Fragestellungen angewendet werden kann. Das im Rahmen dieser Arbeit entworfene Modul soll den SchülerInnen die naturwissenschaftlichen Methoden des Beobachtens und Experimentierens als Rückgrad des naturwissenschaftlichen Erkenntnisweges nahe bringen und durch Übung vertraut machen. Die SchülerInnen sollen so ihre naturwissenschaftlichen Kompetenzen erweitern und lernen, Hypothesen zu bilden, gezielt Beobachtungen zu machen und Ergebnisse auszuwerten. Sie trainieren so, Probleme durch hypothetisch-deduktive Arbeitsweise erfolgreich zu lösen[2].

Die klassische Art und Weise, wie in den Naturwissenschaften Erkenntnisse gewonnen werden, erfolgt i. d. R. in bestimmten Schrittfolgen, die in ihrer Realisierung im Grunde immer ähnlich sind[3]: Nachdem ein Problem formuliert wurde, werden aufgrund von Vorwissen Hypothesen gebildet, die dann an Hand von Beobachtungen oder Experimenten verifiziert oder falsifiziert werden. Um die Methode des Experimentierens, die Gegenstand dieses Moduls sein soll, von der Tätigkeit des Beobachtens abzugrenzen, erscheint es mir sinnvoll, an dieser Stelle eine kurze Definition aufzustellen: Unter einem Experiment versteht man einen „planmäßig ausgelösten und kontrollierten Vorgang zur Aufklärung eines unbekannten Sachverhalts, bei dem alle beteiligten Faktoren, die diesen Vorgang beeinflussen können, kontrolliert sein müssen"[4].

---

[1] Klippert 2007, S. 26.

[2] Vgl. Köhler 2004, S. 152ff.

[3] Die genaue Benennung der einzelnen Schritte unterscheidet sich von Autor zu Autor. Ich habe mich für diese Arbeit und bei der Erstellung der Schülermaterialien an dem Schema von Winkler/Wolff orientiert (vgl. Winkler/Wolff 2001, S. 97ff).

[4] Ludwig et al. 2007, S. 8.

Aus Ergebnissen eines Experiments werden Gesetzmäßigkeiten abgeleitet und Theorien entwickelt, die wiederum den Ausgangspunkt für weitere Untersuchungen bilden können. Nebenbei sei bemerkt, dass diese Vorgehensweise auch das typische Prinzip des gesamten Methodentrainings widerspiegelt, das von Klippert als das „Vorgehen […] vom Experiment über die Reflexion bis hin zur Regelentwicklung und -festigung“[5] bezeichnet wird.

Bei der Auswahl des Gegenstandes sollte es sich um einen solchen handeln, der für alle drei Naturwissenschaften von Relevanz ist. Daher bietet sich m. E. das Thema Diffusion an. Das Prinzip der Diffusion soll sich den SchülerInnen im Rahmen eines Lehrerexperiments mit Wasser und Kaliumpermanganat erschließen. Dieses Experiment wird dann von den SchülerInnen weiterentwickelt und in modifizierter Form durchgeführt und ausgewertet. Die Diffusion bildet die Grundlage für das Verständnis der Osmose, die Gegenstand der zweiten Hälfte des Moduls ist. Hier sollen nun Schülerexperimente mit einer semipermeablen Membran durchgeführt werden, welche von den SchülerInnen vorwiegend eigenverantwortlich geplant, durchgeführt und protokolliert werden. Die SchülerInnen sollen somit anhand der Diffusion exemplarisch den Weg naturwissenschaftlichen Arbeitens kennen lernen. Im Rahmen des Moduls werden also sowohl Fachinhalte unterrichtet, als auch Fähigkeiten zu eigenständigem Arbeiten und überlegtem Handeln vermittelt.

Neben dem Aspekt des Unterrichtens berührt das Modul allerdings noch weitere wichtige Lehrerfunktionen. So kann das Modul beispielsweise LehrerInnen naturwissenschaftlicher Fächer als Diagnosemöglichkeit für den methodischen Kenntnisstand der Jahrgangsstufe dienen[6]. Das kann hilfreich für die Unterrichtsplanung des kommenden Schuljahres mit der teilweise unbekannten Schülerschaft sein. Die daraus folgende Konsequenz der gezielten Förderung ist somit nicht nur auf das Methodentraining beschränkt, sondern kann im Fachunterricht je nach Kenntnisstand der SchülerInnen systematisch fortgesetzt werden.

Für eine erfolgreiche Durchführung des Methodentrainings ist es wichtig, dass alle Beteiligten die Theorie des Konzepts kennen und befürworten. Sowohl innerhalb als auch jenseits der Methodenwoche müssen Lehrer naturwissenschaftlicher Fächer zusammenarbeiten, um die vermittelte Methode effektiv zu demonstrieren und nachhaltig im Arbeitsverhalten der

---

[5] Klippert 2007, S. 259.

[6] Erika Risse weist darauf hin, dass gerade „Seiteneinsteiger aus den Haupt- oder Realschulen“ oft andere Vorstellungen und Kenntnisse bzgl. der Arbeitsweisen der Oberstufe haben. Hier erscheint es also sinnvoll, eine Diagnose über die Kompetenzen der Schülerinnen und SchülerInnen beim Eintritt in die Oberstufe anzustellen, um im Folgenden eine gezielte Förderung zu ermöglichen. Dies kann im Rahmen des Methodentrainings natürlich nur eingeschränkt geschehen. Jedoch kann dieser Aspekt eine sinnvolle Ergänzung zu anderen Formen der Diagnose und Förderung darstellen. (vgl. Risse 2006, S. 46f).

SchülerInnen zu verankern. Die Lehrerfunktion Kooperieren ist also Grundvoraussetzung eines erfolgreichen Methodentrainings:

> Ein Einzelkämpfer, der in seinen vielleicht zwei bis drei Unterrichtsstunden pro Woche die Schüler methodisch „auf Vordermann" zu bringen versucht, der wird in aller Regel nicht nur wenig ausrichten, sondern über kurz oder lang mit hoher Wahrscheinlichkeit auch frustriert aufgeben. Von daher sind Teamkonzepte dringend erforderlich, die den engagierten Lehrkräften die nötige Unterstützung und Inspiration gewährleisten.[7]

Neben der Kooperation mit beteiligten KollegInnen habe ich im letzten Jahr das große Maß an Organisation erlebt, das die Durchführung einer Methodenwoche erfordert. Sowohl Stunden- und Raumpläne als auch die einzelnen Module sind zu koordinieren und inhaltlich sinnvoll aufeinander abzustimmen. Da sich die Zusammenstellung der Module immer wieder leicht ändert (z. B. durch eine Ergänzung wie das hier zur Rede stehende Modul) wird analog auch eine Veränderung der Reihenfolge der einzelnen Teile nötig. Im Rahmen der Ergänzung des von mir entworfenen Moduls habe ich in Abstimmung mit den anderen Organisatoren des Trainings sowohl den Zeitplan, als auch die Form der Archivierung des Methodentrainings reorganisiert. Während das Methodentraining bisher lediglich über Kopien zusammengestellt und erweitert wurde, ist das neue naturwissenschaftliche Modul Bestandteil einer von mir vollständig digitalisierten Version des gesamten Materials. Durch wiederholtes Kopieren wurde in den letzten Jahren die Qualität der an die Schüler ausgegebenen Materialien zunehmend schlechter und es existierte keine eindeutig durchnummerierte Version der aus unterschiedlichen Quellen zusammengestellten Materialien. Daraufhin habe ich jeweils eine Schülerversion (im pdf-Format) und eine Lehrerversion mit Lösungen (im doc-Format) angefertigt. Nun können die einzelnen Teilgebiete von den Organisatoren ohne Qualitätsverlust leicht digital erweitert und ggf. umstrukturiert werden. Außerdem ermöglicht es die digitale Form, den SchülerInnen das Material zeitgemäß per Download bzw. Email zugänglich zu machen. So fällt eine Flut von Kopier- und Sortierarbeit weg, da die SchülerInnen sich das Material des nächsten Tages zu Hause bequem als durchnummeriertes Paket ausdrucken und selbst mitbringen können. Durch diese Innovation wird nicht zuletzt die Selbstständigkeit der Lernenden gefordert, die sowohl in der Oberstufe, als auch im Umgang mit digitalen Medien zunehmend an Bedeutung gewinnt.

Im Folgenden werde ich als erstes die theoretischen Grundlagen des Methodentrainings nach Heinz Klippert darstellen. Danach werde ich kurz auf die Kritik eingehen, die bzgl. dieses Konzepts geäußert wird. Im Zentrum dieser Arbeit steht der Entwurf eines naturwissenschaftlichen Methodentrainings unter Berücksichtigung theoretischer Aspekte und

[7] Klippert 2007, S. 267.

praktischer Anwendungsmöglichkeiten. Nachdem ich die getroffenen didaktischen und methodischen Entscheidungen erläutert habe, werde ich die Planung des Moduls darstellen. Im Anschluss daran dokumentiere knapp ich die Durchführung des von mir entworfenen Moduls. Den Abschluss der Arbeit bildet eine Reflektion über die getroffenen Entscheidungen und eventuelle Alternativen.

2 Methodentraining in der Theorie

2.1 Methodentraining nach Klippert

Heinz Klippert ist in den letzten Jahrzehnten zu einer der einflussreichsten Personen der Unterrichtsreform an deutschen Schulen avanciert. Seine Bücher finden rasanten Absatz, zahlreiche Schulen stellen ihren Unterricht komplett nach seinen didaktischen Überzeugungen um und seine Lehre wurde inzwischen in mehreren Bundesländern auf ministeriellem Wege in die Lehrerfortbildung eingeführt. Ein zentraler Aspekt der Lehre Klipperts ist seine Forderung nach einem verstärkten Training von Methoden im Schulalltag im Interesse einer Förderung der Selbstständigkeit und Lernfähigkeit der Lernenden. Dabei geht er davon aus, dass die Methodenkompetenz unserer SchülerInnen über weite Strecken unbefriedigend ist und ihnen dadurch der Weg zur effektiven und eigenständigen Aneignung von Lerninhalten versperrt oder zumindest erschwert wird.

Mit Berufung auf die Didaktiken von Wolfgang Klafki und Wolfgang Schulz propagiert Klippert Bildungskategorien wie Selbstbestimmung, Mitbestimmung und Selbstverantwortung bzw. Selbstständigkeit und Selbsttätigkeit, um die Lernenden zu mündigen Menschen zu erziehen und ihnen zu ermöglichen, sich selbstständig und weitestgehend unabhängig Lerninhalte anzueignen. Methoden, die Schüler dazu befähigen, werden an unseren Schulen, die auf „Dominanz der rezeptiven Wissensvermittlung“[8] setzen, laut Klippert aber nicht in ausreichendem Maße trainiert.

> Im Gegenteil, der Unterricht zielt in erster Linie auf fachlich-stoffliche Belehrung und auf enzyklopädische Kenntnisvermittlung, weniger hingegen auf die Vermittlung grundlegender Lern- und Arbeitsmethoden[9].

Auf die Notwendigkeit der Methodenvermittlung weist auch Herbert Gudjons hin, der selbstorganisiertes Lernen als Kernelement einer neuen Unterrichtskultur propagiert:

---

[8] Klippert 2007, S. 19.

[9] Ebd.

> Als Schüler selber beim Lernen *aktiv* zu sein ist gut, selber über sein Lernen *mitzubestimmen* ist noch besser, selber sein Lernen zu *steuern* und zu *regulieren*, ist am besten. Allerdings: Wenn ich beim Lernen zwar aktiv sein und selber bestimmen kann, mich dabei aber im unökonomischen Zick-Zack-Kurs bewege, mit der Zeit und mit den Ressourcen chaotisch umgehe und methodisch falsch plane, fehlt offensichtlich die Qualifikation für die Selbststeuerung des Lernens. Von entscheidender Bedeutung ist daher die Vermittlung von Lernstrategien, Arbeitsmethoden und –techniken. [10]

Um diesem Missstand beizukommen, fordert Klippert, dass SchülerInnen gezielt üben, „selbstständig zu arbeiten, zu entscheiden, zu planen, zu organisieren, Probleme zu lösen, Informationen auszuwerten [und] Prioritäten zu setzen“[11]. Überhaupt, so Klippert, muss der Unterricht stärker auf Schüleraktivierung ausgerichtet werden, um den Ansprüchen der heutigen Schülerschaft gerecht zu werden. Um aber sicherzustellen, dass das schülerzentrierte Lernen ebenso effektiv ablaufen kann wie eine Anleitung durch eine Lehrkraft, müssen die Lernenden Regeln für verschiedene Arbeitsmethoden kennen und einüben[12]. Um das zu gewährleisten, hat er eine Vielzahl von Trainingsbausteinen für die praktische Unterrichtsarbeit entworfen, die beispielhaft zeigen, wie in der Schule mit SchülerInnen methodenzentriert gearbeitet werden kann. Über 100 dieser Einheiten finden sich in seinem Buch *Methodentraining*. Die Inhalte der Bausteine entstammen den unterschiedlichsten schulischen Wissensgebieten und reichen von Kurzgeschichten aus dem Deutschbuch über geografisches Wissen bis hin zu kognitiven Theorien.

Es sind jedoch nicht die Lerninhalte selbst, die beim Methodentraining im Vordergrund stehen, sondern die Art und Weise, wie man sich diese Inhalte aneignen kann. Die Methoden lassen sich grob in drei Bereiche gliedern: Informationsbeschaffung und -erfassung, Informationsverarbeitung und -aufbereitung und Arbeits-, Zeit- und Lernplanung. Im Folgenden seien einige von ihnen beispielhaft genannt: Das Nachschlagen von Informationen wird anhand eines Auszuges aus einem Telefonbuch geübt, mit einem Text über das Rauchen lernen die SchülerInnen Texte zu markieren, die Erstellung eines Lernplakats wird durch eine Ausschneideübung und einen Text zur Vorbereitung auf eine Klassenarbeit trainiert, anhand des Textes über eine Schülersitzung soll ein Protokoll angefertigt werden und in einem Kreisgespräch soll langfristiges Memorieren erlernt werden.

---

[10] Gudjons 2006, M30. Gudjons weist an dieser Stelle überdies darauf hin, dass unterschiedliche methodische Elemente auf jedem Fall in systematischem Bezug zueinander stehen müssen, also nicht nur zu Zwecken der Abwechslung oder der Unterhaltung benutzt werden dürfen.

[11] Ebd., S. 27. Diese Forderung steht in Übereinstimmung mit der Erkenntnis der Kongitionswissenschaft, dass man nicht lernt, indem man Informationen von einem Lernenden unverändert übernimmt und bei sich abspeichert, sondern dass Wissen auf der Grundlage individueller Erfahrungen und der Elemente und Strukturen des Gehirns aktiv konstruiert wird (vgl. Weitzel S. 79).

[12] Vgl. Reiter 2007, S. 130.

Mit einer Kombination aus diesen Bausteinen sollen nun Schulen ihren SchülerInnen Methoden vermitteln. Dies ist zum einen möglich, indem FachlehrerInnen entsprechende Module als Anregung für den eigenen Unterricht nehmen oder aber Schulen für ihre SchülerInnen über mehrere Tage regelrechte Methodenschulungen abhalten, in denen alle Lehrkräfte einer Jahrgangsstufe kooperieren und miteinander „aus den gewohnten Gleisen und Denkmustern ausbrechen und neue unterrichtliche Wege suchen"[13]. Klippert schlägt Projektwochen zum Thema „Methodenlernen" vor, die von Innovationsteams aus KollegInnen erarbeitet und durchgeführt werden[14]. Ein derart konzentriertes Trainingsprogramm beinhaltet fächerübergreifendes Arbeiten, Stundenzusammenlegungen und manches mehr. Aber selbst ein solch intensives Training, mahnt Klippert, muss im Fachunterricht immer wieder aufgefrischt werden, damit die angebahnte Methodenkompetenz der SchülerInnen nicht bald wieder verkümmert[15]. So setzt ein erfolgreiches Methodentraining also idealer Weise den Zuspruch und die Unterstützung des gesamten Kollegiums voraus.

Beim Training der Methoden ist darauf zu achten, dass LehrerInnen mit ihren Lerngruppen anhand der Bausteine nicht nur Arbeitsweisen üben und ausprobieren, sondern auch die Methoden selbst reflektieren. In diesen Methoden sieht Klippert „Werkzeuge, die im Unterricht eingeübt und systematisch kultiviert werden müssen. Das methodisch versierte Erarbeiten bzw. Konstituieren eigener Erkenntnis- und Handlungsmuster muss laut Klippert vor das „Katechisieren und Reproduzieren des obligatorischen Lernstoffs" treten[16].

Ein weiterer Vorteil, den Klippert in einer hohen Methodenkompetenz der SchülerInnen sieht, ist ganz pragmatischer Natur und soll hier auch nicht verschwiegen werden: Er verspricht der Lehrerschaft in Folge des Methodentrainings nicht nur selbstständigere und mündigere SchülerInnen, sondern auch eine langfristige Entlastung im Unterrichtsalltag:

> Methodenorientierte Innovationen entlasten die beteiligten Lehrkräfte aber auch und vor allem dadurch, dass auf diese Weise den Schülern mehr konstruktive Selbsttätigkeit möglich wird. [...] Sie werden selbstständiger, zielstrebiger und konstruktiver in ihrem Lernverhalten. Die Lehrkräfte können sich dadurch stärker zurücknehmen. Sie erleben weniger Streß und nervliche Anspannung. ihre Beanspruchung durch hilflose Schüler nimmt ab.[17]

---

[13] Klippert 2007, S. 251.

[14] Ein konkreter Vorschlag zur logistischen Organisation einer solchen Trainingswoche findet sich in Klippert 2007, S. 527-263. Tatsächlich orientiert sich die Methodenwoche des Gymnasiums Schaurtestraße sehr stark an diesem Konzept.

[15] Klippert 2007, S. 256.

[16] Vgl. Klippert 2007, S. 32.

[17] Klippert 2007, S. 33.

Auf lange Sicht wird sich also, so beteuert Klippert, eine Integration von Methodenübungen in den Unterrichtsalltag für den Lehrkörper dahingehend rentieren, dass der alltägliche Arbeitsaufwand in der Schule und zu Hause sinkt. SchülerInnen, die Methoden kennen, sich ihr Wissen selbst zu erarbeiten entlasten dadurch die Lehrkraft und erlauben ihr, im Klassenraum eine deutlich passivere Rolle zu spielen.

2.2 Kritik an Klipperts Methodentraining

Die grundsätzliche Kritik an dem Klippert'schen Ansatz ist die von ihm propagierte Dominanz der Methoden. Die meisten seiner Kritiker erkennen zwar den Wert der Vermittlung von Lerntechniken und Kompetenzen an und halten eine reflexive Bewusstmachung von Methoden für sinnvoll. Sie weisen jedoch auch darauf hin, dass es die Inhalte sein sollten, die Dreh- und Angelpunkt der Unterrichtsplanung sind. Sie bemängeln, dass beim Methodentraining zwar Arbeitsweisen gelernt werden, diese aber erstens von zweifelhaftem Nutzen und zudem völlig isoliert von der Vermittlung von Inhalten sind.

> Darum gibt es bei ihm "Mikrokompetenzen" wie "Markieren", also das Unterstreichen von Wörtern in Texten, wie "Aufkleben", "Nachschlagen" "Rasch lesen" oder "Vernetzen". Sie alle teilen die angebliche Eigenschaft, völlig unabhängig vom jeweiligen Inhalt vermittelbar zu sein. [...] Das Schlagwort, in der Schule lerne man nicht etwas, sondern das Lernen selber, hat sich hier völlig verselbstständigt.[18]

Jürgen Kaube unterstellt dem Methodentraining nicht nur, dass es die Wahl der Inhalte vernachlässigt, sondern sie aktiv beeinflusst. Er befürchtet, die Schule konzentriere sich dann nur noch auf „auf Texte, die zur Methode passen“[19], lediglich, um die von Klippert angepriesenen Methoden üben zu können. Die Gefahr dieser Art von Unterrichtsplanung hat Wolfgang Klafki bereits vor 40 Jahren erkannt und LehrerInnen davor gewarnt, der Versuchung zu erliegen, die Inhalte nach der Methode auszurichten. Die methodische Besinnung sollte laut Klafki erst der letzte (wenn auch unabdingbare) Schritt der Vorbereitung sein[20]. Im Zentrum sollte aber immer die Frage der Relevanz des Inhalts stehen.

Sowohl Kaube, als auch andere Didaktiker werfen Klippert vor, seine Inhalte bewusst anspruchslos zu halten, um LehrerInnen und SchülerInnen zu ermöglichen, sich voll und ganz auf die Methoden zu konzentrieren. Inhaltlich, so argumentieren Gruschka und Martin, können wir „nur dann etwas neues lernen, wenn wir die Widerstände überwinden, die sich

---

[18] Kaube (2008), S. 14.

[19] Ebd.

[20] Vgl. Klafki 1963, S. 127.

von der Sache und unseren Fähigkeiten aus ergeben“[21]. Lernen sollte also in jedem Fall auch mit Herausforderungen auf inhaltlicher Ebene verbunden sein.

Ein weiterer Kritikpunkt, mit dem sich Klippert konfrontiert sieht, ist der Vorwurf, die Methoden dienten lediglich dem Selbstzweck und nicht etwa der effizienteren Aneignung von Lerninhalten. Methoden sind aber nur dann sinnvoll, wenn sie die Lernenden tatsächlich dazu befähigen, sich autonomer und effektiver mit Problemen ihres Alltags auseinanderzusetzen. Hier sei auch auf Klafki verwiesen, der als zentrale Prinzipien von Unterricht Selbstständigkeit, exemplarisches Lernen, Problemorientierung und Handlungsorientierung nennt[22]. Eine Übung wie das „Abschnittspuzzle“[23], bei dem Bruchstücke einer Kurzgeschichte in die originale Reihenfolge gebracht werden sollen, muss sich in der Tat den Vorwurf gefallen lassen, zumindest einigen dieser Prinzipien nicht zu genügen. Tatsächlich finden sich unter den Trainingseinheiten Methoden, die im außerschulischen Alltag nur bedingt brauchbar erscheinen; so lautet die Aufgabe unter einem „Silbensalat“ „Ordne die Silben in jeder Zeile so, dass sich ein wichtiger Lerntipp ergibt!“[24] Die Lerntipps selbst mögen zwar sinnvoll sein, die Methode mit der sie erschlossen werden scheint jedoch keine Entsprechung im „wahren Leben“ zu haben. Auch eine Aufgabe wie „Schneide die Figuren exakt aus!“[25] lässt den reflektierten Leser daran zweifeln, ob „Ausschneiden“ eine Fertigkeit ist, die der Bezeichnung *Methode* oder *Kompetenz* gerecht wird bzw. ob es sich hierbei tatsächlich um eine Arbeitsweise handelt, die im Rahmen einer Schulausbildung „trainiert“ werden sollte. Jürgen Kaube geht sogar so weit, dem Klippert'schen Methodentraining vorzuwerfen, es befriedige einfach nur das Verlangen der Lehrer nach dem Gefühl, den SchülerInnen etwas beigebracht zu haben. Er führt den Erfolg von Klipperts Methoden primär darauf zurück, dass sie LehrerInnen die Möglichkeit geben, sich selbst für anspruchslose Arbeiten auf die Schulter klopfen zu können:

> „Tatsächlich weiß Klippert wie jeder Verkäufer, dass die Kundschaft sich wohl fühlen soll. [...] Jeder noch so kleine Schritt - der Schüler klebt etwas auf, die Schülerin markiert ein Wort, "Power Point" wird unfallfrei benutzt - kann als Kompetenzgewinn gefeiert werden.“[26]

Die Kritik am Methodentraining Klipperts lässt sich zusammenfassend wie folgt formulieren:

1. Methoden versperren den Blick auf die Inhalte, die mindestens gleichberechtigt neben den Methoden stehen sollten.
2. Die von Klippert gewählten Inhalte zur Methodenvermittlung sind oberflächlich, anspruchslos und irrelevant für den selbstständigen Erkenntnisgewinn.

---

[21] Gruschka/Martin 2002, S. 6.

[22] Vgl. Beyer 2004, S. 74f

[23] Vgl. Klippert 2007, S. 104.

[24] Ebd., S. 73.

[25] Ebd., S. 144.

[26] Kaube 2008, S. 14.

3. Die vermittelten Methoden erfüllen lediglich einen Selbstzweck und sind beim alltäglichen Wissenserwerb nicht von effektivem Nutzen.

Diesen Kritikpunkten sollte der Gegenstand eines naturwissenschaftlichen Methodentrainings sowohl theoretisch als auch praktisch unbedingt standhalten können. Mit dem vorliegenden Entwurf möchte ich genau dies gewährleisten.

3 Methodentraining in der Praxis

3.1 Didaktisch–methodischer Kommentar

3.1.1 Ausrichtung des Gegenstands nach Klippert unter Berücksichtigung der geäußerten Kritik

Das wohl gewichtigste der Argumente, die gegen Klippert vorgebracht werden ist, dass er zugunsten der Methoden die Inhalte vernachlässigt, also „bewusst anspruchlose Übungen“[27] wählt und dadurch lediglich Methoden trainiert, die keinen inhaltlichen Lernzuwachs zur Folge haben. Eben diesem Problem versuche ich durch Wahl der Diffusion bzw. der Osmose als Unterrichtsgegenstand entgegenzuwirken. Auch wenn der Schwerpunkt des Moduls methodischer Natur ist, müssen SchülerInnen dennoch inhaltliches Vorwissen (etwa über die Brown'sche Molekularbewegung) aus der Sekundarstufe I reaktivieren[28]. Andererseits handelt es sich bei diesem Unterrichtsgegenstand bereits um einen Vorgriff auf den Stoff der Jahrgangsstufe 11, welcher diesen inhaltlich vorentlastet und den SchülerInnen das spätere Verständnis erleichtert. Die Methoden werden also durchaus mit relevanten Inhalten gefüllt.

Klipperts Gegner kritisieren v. a., dass in seinem Methodentraining oberflächlich und unkonzentriert gearbeitet wird. Sein Primat, so seine Kritiker, liege im Bereich der „raschen und selektiven Informationsabfrage“[29]. Hierzu sei bemerkt, dass die Fähigkeit zur schnellen

---

[27] Gruschka/Martin (2002), S. 6.

[28] Die thermische Eigenbewegung und der Energiebegriff ist den SchülerInnen bereits aus dem Chemie- und Physikunterricht der Mittelstufe bekannt (vgl. *Entwurfsfassung Kernlehrplan für das Fach Chemie für die Jahrgangsstufen 5–9 in Gymnasien des Landes NRW*, S. 28-33 und *Entwurfsfassung Kernlehrplan für das Fach Physik für die Jahrgangsstufen 5–9 in Gymnasien des Landes NRW*, S. 20.). Oft wird dort allerdings von der „Eigenbewegung der Teilchen“ statt von der „Brown'schen Bewegung“ gesprochen. Lösungsvorgänge und Stoffgemische werden hier auf der Ebene der einfachen Teilchenvorstellung besprochen. Aber auch anhand dieses Vorwissens lässt sich die Diffusion erklären. Wie effektiv Lernen ist, wenn Informationen auf der Grundlage vorhandener Erfahrungen verarbeitet werden und zu lernendes Wissen mit vorhandenem Wissen verknüpft wird, erläutert u. a. Holger Weitzel (vgl. Weitzel 2004, S. 78f und S. 87).

[29] Gruschka/Martin 2002, S. 6.

und gezielten Informationsabfrage gerade in den Naturwissenschaften durchaus nicht hinderlich sein muss, auch wenn sie natürlich nicht die einzige Kompetenz sein darf, die trainiert wird. Dass es in dem hier entworfenen Modul aber nicht bei der unreflektierten Aufnahme und Wiedergabe von Informationen bleibt, wird sichergestellt, indem von den SchülerInnen eine Weiterentwicklung und eigene Planung eines Experiments gefordert wird. Damit wird das hier zur Rede stehende Modul der Forderung nach Kreativität der Lernenden gerecht und fördert gleichzeitig noch eine Vielzahl der von Klippert geforderten methodischen Kompetenzen, z. B. Problemlösendes Vorgehen, Protokollieren, Arbeitsplanung oder Zusammenarbeiten[30].

Gleichzeitig erfordert es ein hohes Maß an Schüleraktivität und hilft so, das Erlernte prozedural zu erarbeiten und zu verfestigen. Wie wichtig es ist, dass die Schule sich nicht nur auf die rezeptive Aufnahme von deklarativem Wissen beschränkt, sondern die SchülerInnen aktiv in die Erarbeitung des Handlungsverlaufs bzw. den Erkenntnisprozess mit einbezieht, wurde von diversen Didaktikern immer wieder betont:

> Der durchschnittliche Unterricht holt aus Büchern vergegenständlichte Begriffe, Wissensinhalte. Er macht sie den Schülern verständlich [...], weckt in ihrem Denken richtige Vorstellungen, baut mit ihnen im besten Falle ein adäquates Bild der Wirklichkeit auf. Aber das Handeln kommt zu kurz. Das hängt mit dem Nachklingen einer kontemplativen Haltung zur Wirklichkeit zusammen, einer Haltung die die Welt und ihre Erscheinungen betrachtet, beschreibt und im besten Falle erklärt, aber nicht in sie eingreift, um darin etwas zu *bewirken*. Hinzu kommt die genannte Tendenz, dem Schüler Erkenntnisse von Anfang an in begrifflicher, d.h. quasi-gegenständlicher Form zu bieten und zu vergessen, dass Erkenntnisse zuerst einmal durch Suchen und Forschen, durch Beobachten und Nachdenken gewonnen werden müssen. Suchen und Forschen, Beobachten und Nachdenken aber sind Handlungen, auch wenn sie nicht in die Wirklichkeit eingreifen und sie verändern. [...] Man kann sich Vorstellungen und Begriffe nicht in fertiger Form einverleiben. Man muss sie nachschaffen, nachkonstruieren. Nur dann sind sie etwas wert. Dem Begriff geht das Begreifen voraus, der Einsicht das Einsehen.[31]

Je selbstständiger SchülerInnen agieren, desto größer ist der Lerneffekt und desto motivierter werden sie i. d. R. dem Unterricht folgen. Gerade im Bereich der Biologie wird zur Schüleraktivität unbedingt angeraten:

> Grundsätzlich gilt im besonderen Maße für den Biologieunterricht, daß der Lehrer Lernbedingungen schaffen muß, die eine Aneignung der Unterrichtsinhalte nicht durch passive Rezeption, sondern [...] durch eine aktive Tätigkeit (Untersuchen, Experimentieren) [...] ermöglichen.[32]

3.1.2 Anbindung an Richtlinien und Lehrpläne

Die *Richtlinien und Lehrpläne für die Sekundarstufe II – Gymnasium/Gesamtschule in NRW* sehen im Bereich I die Themen „Diffusion und Osmose“ als obligatorische Fachinhalte der

[30] Vgl. Klippert 2007, S. 28.

[31] Aebli 1983, S. 182f.

[32] Staeck 1987, S. 285.

Jahrgangsstufe 11 vor[33]. Das Thema ist für ein Methodentraining in dieser Altersklasse also sehr gut geeignet. Auch wenn diese Phänomene im Fachunterricht sicherlich noch etwas ausführlicher besprochen werden, scheint ein erster Kontakt mit ihnen zu diesem frühen Zeitpunkt doch sinnvoll, da Diffusion und Osmose für die Oberstufe von höchster Relevanz sind. Diese Prinzipien bilden nämlich die Grundlage zu einer Vielfalt weiterer Fachinhalte der Oberstufe.

Der größte Lernzuwachs im Rahmen dieses Moduls findet sicherlich im Bereich III statt, der den Umgang mit Fachmethoden („Erkundungsverfahren wie z. B. Beobachten, Untersuchen, Experimentieren“) umfasst:

> Im Sinne eines wissenschaftspropädeutischen Arbeitens sollten die im Unterricht verwendeten Fachmethoden die wissenschaftlichen Arbeitsweisen exemplarisch widerspiegeln. Die Kenntnis dieser Methoden und der Umgang mit diesen ist somit ein wesentliches Lernziel und trägt besonders zu einer Vermittlung von allgemeinen Kompetenzen bei.[34]

Diese Forderung scheint völlig mit Klipperts Primat der Methodenvermittlung überein zu stimmen. Durch die Vermittlung selbstständiger Arbeitsweisen tut man ferner der Forderung der Richtlinien nach allgemeinen Kompetenzen und allgemeiner Studierfähigkeit Genüge:

> Dazu sollen die Schülerinnen und Schüler in selbstständige Lernstrategien eingewiesen, in eigenverantwortlichem Planen und Handeln geschult sowie in Formen arbeitsteiligen und kooperativen Arbeitens in Gruppen eingeübt werden. Der Lernprozess ist so anzulegen, dass die Schülerinnen und Schüler im Sinne der Wissenschaftspropädeutik naturwissenschaftliche Erkenntnisgewinnung nachvollziehen, fachspezifische Arbeitsweisen möglichst häufig selbst anwenden und Verfahrenstechniken kennen lernen. Sie werden dadurch auf die Arbeitsweisen und das Anspruchsniveau späterer Grund- und Leistungskurse vorbereitet.[35]

Die systematische Vermittlung der im Rahmen dieses Methodenmoduls erworbenen Fähigkeiten legt somit den Grundstein für ein eigenverantwortliches und erfolgreiches Lernen in der Oberstufe.

Die Unterrichtsgestaltung weist überdies die von den Richtlinien geforderte Gestaltung der Lernprozesse als schülerorientiert auf[36]: Die Diffusion kennen alle Jugendlichen aus dem Alltag (Salzen einer Suppe, Auflösen von Zucker im Kaffee), wahrscheinlich ohne darüber bisher auf einer wissenschaftlichen Ebene reflektiert zu haben. Die SchülerInnen knüpfen also an eigenes Wissen aus dem Alltag bzw. der Sekundarstufe I an und arbeiten damit aktiv und selbstständig weiter. Darüber hinaus verlangen die Richtlinien vom Unterricht

---

[33] Vgl. *Richtlinien und Lehrpläne für die Sekundarstufe II – Gymnasium/Gesamtschule in NRW*, S. 20.

[34] Ebd., S. 10.

[35] Ebd., S. 18.

[36] *Richtlinien und Lehrpläne für die Sekundarstufe II – Gymnasium/Gesamtschule in NRW*, S. 58.

Gegenstandsorientierung[37], die m. E. durch diesen Entwurf ebenfalls gegeben ist: Das Prinzip der Osmose findet innerhalb der Biologie einen breiten Anwendungsbereich und bietet viele Möglichkeiten der Vernetzung mit Wissen aus weiteren Fachrichtungen. Das Thema Diffusion ist in allen drei Naturwissenschaften von Relevanz und findet in verschiedenen Betätigungsbereichen und Berufsfeldern Anwendung[38]. Im Zentrum des Moduls steht aber die Methodenorientierung[39], da sich hier die SchülerInnen anhand der Unterrichtsinhalte letztendlich die geforderten fachlichen und fächerübergreifenden Methoden und Arbeitshaltungen aneignen.

3.1.3 Zielsetzungen des Moduls

Das Hauptlernziel des hier entwickelten Moduls ist offensichtlich methodischer Natur: Die Schülerinnen sollen erworbenes Wissen über naturwissenschaftliches Arbeiten auf einen zu erforschenden Gegenstand anwenden, um zu einer Antwort auf eine formulierte Fragestellung zu gelangen. Dabei sollen sie Kompetenzen wie Experimentieren, Beobachten, Zeichnen, Protokollieren und Interpretieren üben.

Ein weiteres wichtiges Ziel des Experimentierens im Unterricht sehe ich in der Übung kooperativen Arbeitens mit dem Experimentierpartner. Die Schüler sollen lernen, ihre Forschungstätigkeit arbeitsteilig zu planen, zu organisieren, durchzuführen, auszuwerten und die Ergebnisse zu formulieren. Die Vorteile einer kooperativen Vorgehensweise reichen von ganz handwerklichen Aspekten wie der einfacheren Bewältigung von Versuchsaufbau und –durchführung[40] bis hin zu größerer Lernwirksamkeit und Nachhaltigkeit des Gelernten[41].

---

[37] Ebd.

[38] Beim Sintern beruht die Festigkeit der Körper auf der Oberflächendiffusion zwischen den Pulverpartikeln und Stahl kann durch Eindiffundieren von Kohlenstoff bzw. Stickstoff randschichtgehärtet werden. In Diffusionsöfen wird gezielt die elektrische Leitfähigkeit oder mechanische Eigenschaften für Bauelemente beeinflusst. Die Diffusion spielt außerdem in der Technischen Chemie eine zentrale Rolle. Typische Anwendungen sind Reaktor- und Katalysatordesign. Bei der Baukonstruktion muss zum Feuchteschutz die Wasserdampfdiffusion berücksichtigt werden, und in der Mikrobiologie wird Diffusion beim Agardiffusionstest genutzt.

[39] *Richtlinien und Lehrpläne für die Sekundarstufe II – Gymnasium/Gesamtschule in NRW*, S. 58.

[40] Norm Green nennt dieses Phänomen „positive Abhängigkeit" und meint damit die Erkenntnis der Lernenden, dass sie nur dadurch erfolgreich sein können, dass alle zusammenarbeiten (vgl. Green 2004, M24). Der Gegenstand dieses Moduls ist besonders gut geeignet, um SchülerInnen diese Erfahrung nahe zu bringen: „Besonders bei praktischen Unterrichtsschritten wie Beobachtungen, Untersuchungen oder Experimentieren sind oft sozialintegratives Verhalten und Teamfähigkeit gefordert." (*Richtlinien und Lehrpläne für die Sekundarstufe II – Gymnasium/Gesamtschule in NRW*„ S. 66).

[41] Vgl. hierzu auch Mayer/Ziemeck 2006, S. 9.

Die kognitiven Ziele der Trainingseinheit sind das grobe Verständnis der thermischen Eigenbewegung der Teilchen, des Prinzips der Diffusion und der Osmose. Außerdem sollen die SchülerInnen Einblick in die wissenschaftliche Denkweise erhalten und ein systematisches Wissen über den typischen Ablauf der wissenschaftlichen Erkenntnis erlangen. Der Umgang mit realen Objekten ist fester Bestandteil des Experimentierens und ermöglicht ein auf konkrete Anschauung gegründetes Lernen, und dient so dazu, das Verständnis der Fachkonzepte zu erleichtern und zu vertiefen[42].
Mit dem Modul sollen neben dem Erwerb naturwissenschaftlicher Kompetenzen und der Vermittlung fachlicher Kenntnisse auch pädagogische Ziele verfolgt werden. Innerhalb der neu zusammengestellten Gruppe soll im Rahmen des gemeinschaftlichen Experimentierens Schüleraktivität und gegenseitiger Austausch angeregt werden. Außerdem hoffe ich, mit der praktischen Herangehensweise Neugier, Motivation und Selbsttätigkeit der Schülerinnen zu wecken. Im Versuch zur Osmose sollen die Schüler affektiv erkennen, dass sie sich mittels einfacher Alltagsgegenstände und simpler Geschmacksproben von dem Effekt der Osmose überzeugen können und die Diffusion als allgegenwärtiges alltägliches Phänomen begreifen. Nicht zuletzt ist beim Entwurf dieses Versuchs auch die Phantasie und Kreativität der Lernenden gefragt[43].

3.1.4 Bedingungsanalyse der Lerngruppe

Die Lerngruppe, die das Methodentraining zu Beginn der Jahrgangsstufe 11 absolviert, ist sehr heterogen, zumal das Gymnasium Schaurtestraße in der Jahrgangsstufe 11 zahlreiche „Quereinsteiger" von der Realschule aufnimmt, um von Zweizügigkeit in der Sekundarstufe I auf Dreizügigkeit in der Sekundarstufe II aufstocken zu können. Außerdem sind Schüler in diesem Alter sehr unterschiedlich motiviert: Während einige der Jugendlichen ehrfürchtig und wissbegierig darauf warten, Oberstufenstoff zu lernen, fühlen sich andere schon so erwachsen, dass sie eigentlich gar nicht mehr die Notwendigkeit verspüren, sich weiterzubilden. In Anbetracht der vielen Neuzugänge nach der Auflösung des Klassenverbands sind einige der SchülerInnen somit eher darauf bedacht, einen „coolen Eindruck" zu machen, als sich durch besondere Leistungsbereitschaft oder Produktion von Wissen hervorzutun. Mit der praktischen Ausrichtung des Moduls hoffe ich, auch diesen SchülerInnen etwas entgegenzukommen.

---

[42] Vgl. Mayer/Ziemek 2006, S. 4.

[43] Hiermit dürfte neben der Förderung des Methodenbewusstseins auch dem Großteil der von Klafki geforderten Bildungsziele Rechnung getragen sein, die m. E. noch immer aktuell und überzeugend sind.

Der Versuch zur Diffusion eignet sich besonders gut zur Durchführung mit einer Jahrgangsstufe 11, da er einerseits unterschiedlichen naturwissenschaftlichen Interessen Rechnung trägt, andererseits aber kein breites Spektrum an Vorwissen oder gar eine unterrichtliche Vorbereitung voraussetzt. Die Schüler haben in der Sekundarstufe I Erfahrungen im Bereich der Biologie, Physik und der Chemie gesammelt. Auch SchülerInnen, die sich vielleicht mehr für physikalische oder chemische, als für biologische Phänomene begeistern, werden sich bei diesem Thema angesprochen fühlen. Zwar ist das Prinzip der Diffusion bzw. die Osmose ein Prinzip, das v. a. in der Biologie auftaucht, die thermische Eigenbewegung der Teilchen ist jedoch ein physikalisches Prinzip und das Arbeiten mit wässrigen Lösungen kennen die SchülerInnen als Bestandteil des Chemieunterrichts.

Des Weiteren muss berücksichtigt werden, dass das Methodentraining in der ersten Woche der Sekundarstufe II durchgeführt wird, wenn v. a. SchülerInnen, die von der Realschule auf das Gymnasium gewechselt haben, mit der neuen Schule noch nicht vertraut und dementsprechend unsicher oder sogar ängstlich sind[44]. Diese Unsicherheit sollte zu diesem frühen Zeitpunkt auf gar keinen Fall dadurch verstärkt werden, dass man die SchülerInnen mit einem unnötig komplexen naturwissenschaftlichen Phänomen überfordert bzw. frustriert.

3.1.5 Didaktische Reduktion

Die Experimente der Stunde sind bewusst einfach gehalten, da sie von Schülern durchgeführt werden müssen, die eventuell nur auf ein schmales Spektrum naturwissenschaftlichen Vorwissens bzw. „handwerklicher“ Erfahrungen zurückgreifen können. Ähnliches gilt u. U. auch für die Lehrkraft, die das Experiment durchführen und den weiteren Verlauf betreuen muss. Im Interesse einer reibungslosen Durchführung habe ich auf die „elegante“ Version des Experiments verzichtet und eine vereinfachte Variante entwickelt: Da das Modul im naturwissenschaftlichen Übungsraum durchgeführt wird, können SchülerInnen beim Diffusionsversuch auch heißes Wasser aus dem Hahn entnehmen, statt es umständlich auf einem Kocher zu erhitzen. Anstelle der Projektion des Experiments mithilfe einer zeitraubend aufgebauten Kameraanlage tut es auch ein Overhead-Projektor, auf dem man die Schale einfach abstellt und mit dessen Hilfe man die dort ablaufenden Prozesse für alle sichtbar projizieren kann.

In Anbetracht der Tatsache, dass der erste Versuch mit Kaliumpermanganat durchgeführt wird, wäre zu überlegen, auch im Osmose-Versuch eine Variante mit Kaliumpermanganat

---

[44] Vgl. Risse 2006, S. 46f.

anstelle des Zuckers durchzuführen. Da es sich bei dem zweiten Experiment aber um einen Versuch handeln soll, der ausschließlich von SchülerInnen durchgeführt wird, halte ich es für sicherer, harmlosen Haushaltszucker statt des gesundheitsschädlichen Kaliumpermanganats zu verwenden[45]. Außerdem hat die Zuckervariante aufgrund der Geschmacksprobe für die SchülerInnen nicht nur eine eindrucksvolle sensorische Qualität (heuristischer Effekt), sondern kann auch einfacher interpretiert werden: Wassermoleküle sind klein und gelangen so durch die kleinen Poren der Membran. Zuckermoleküle sind größer und können die Membran daher nicht passieren. Diese Erklärung sollte sowohl für fachfremde KollegInnen als auch SchülerInnen einleuchtend sein. Um das Ausbleiben der Diffusion der kleinen Ionen des Kaliumpermanganats zu erklären, bräuchten sowohl SchülerInnen als auch Lehrer weiteres chemisches Vorwissen auf molekularer Ebene[46]. Daher habe ich mich ganz bewusst für die Durchführung des Versuchs mit Zucker entschieden, um den jungen Forschern und KollegInnen an dieser Stelle nicht unnötig viel Abstraktion abzuverlangen.

Da eine Apparatur mit doppelter Osmosekammer, Erlenmeyerkolben, Steigrohren, Klemmen und Dichtungsringen, wie sie in vielen Lehrbücher empfohlen wird[47], sowohl bei SchülerInnen als auch anleitenden Lehrkräften fundierte Erfahrungen im Versuchsaufbau voraussetzt, wird stattdessen eine vereinfachte – aber m. E. nicht minder eindrucksvolle – Version des Osmoseversuchs (Petrischalen, Einmachhaut, Haushaltszucker) durchgeführt[48].

Wie oben bereits angedeutet, muss im Rahmen dieses Moduls nicht nur im Sinne der SchülerInnen didaktisch reduziert werden, sondern auch mit Blick auf fachfremde Kollegen. Im Rahmen des Methodentrainings müssen oft LehrerInnen mit verschiedenen Unterrichtsfächern zusammen arbeiten. Der von mir gewählte Versuch ermöglicht es auch fachfremden KollegInnen, das Experiment durch die SchülerInnen durchführen zu lassen, ohne sich erst selbst in komplexe biologische Sachverhalte einarbeiten zu müssen. Der Versuch benötigt wenige und einfache Materialien und kann (ggf. nach kurzer Einweisung

---

[45] Vgl. RISU-NRW, S. 25. Zwar sind Schülerexperimente mit Kaliumpermanganat (Xn) bis einschließlich Jahrgangsstufe 13 im Unterricht möglich, jedoch halte ich es hier nicht für erforderlich. Beim ersten Versuch hingegen ist der Einsatz von Kaliumpermanganat auf Grund der besseren Demonstrationsfähigkeit klar vorzuziehen.

[46] Die Kristalle binden aufgrund ihrer Ladung einige Wassermoleküle in Form einer Hydrathülle um sich und sind nur durch diese Hydrathülle zu groß, um die Membran zu passieren. Aspekte wie Ladung müssen beim Zucker nicht berücksichtigt werden, so dass man sich hier tatsächlich nur auf die Ebene der Größe der Moleküle berufen kann.

[47] Vgl. z.B. Joußen 2003, S. 36f oder Eckebrecht et al. 2006, S. 152.

[48] Die Idee für den Versuch stammt aus Freytag 2007, S. 167f.

durch einen Biologielehrer) von fachfremden Lehrkräften ebenso gut durchgeführt werden wie durch einen Naturwissenschaftler.

Im regulären Biologieunterricht der Jahrgangsstufe 11 geht der Behandlung der Diffusion eine Beschäftigung mit den Eigenschaften von Biomembranen voraus[49]. Dieser Schritt kann im Rahmen dieses Moduls übersprungen werden, da für das Verständnis der Diffusion keine Detailkenntnisse über den Aufbau der Biomembran notwendig sind. Für unsere Zwecke genügt es vollkommen, den SchülerInnen mitzuteilen, dass es Membranen gibt, die manche Moleküle auf Grund ihrer geringen Größe durchlassen, andere jedoch nicht. Wie dies auf molekularer Ebene bewerkstelligt wird, kann im Fachunterricht der Oberstufe noch ausführlich behandelt werden.

In den Schülermaterialien ist durchgängig von „Zucker" die Rede. Dass es sich beim Haushaltszucker lediglich um eine Sonderform, nämlich Saccharose, handelt und dass es eine Fülle verschiedener Zucker gibt, deren Moleküle alle unterschiedlich groß sind, wird hier verschwiegen. Um das Prinzip der Osmose zu verstehen, brauchen die SchülerInnen die Unterschiede der chemischen Struktur verschiedener Zucker nämlich nicht zu kennen. In den Lehrermaterialien wird allerdings erwähnt, dass es sich beim Haushaltszucker um Saccharose handelt (nicht etwa um Glucose, wie manche Laien vermuten könnten). Dadurch möchte ich die fachfremde Lehrkraft auf eine etwaige Nachfrage besonders interessierter SchülerInnen vorbereiten.

3.2 Planung

3.2.1 Verlaufsplan

	Zeit	Phase	Unterrichtsschritt	Sozialform	Medium
1. Einheit: Diffusion	ca. 10'	Präsentation	**Lehrerversuch zur Diffusion** (Teil 1) ▪ Hypothesenbildung ▪ Durchführung	Plenum Frontal	Tafel OHP
	ca. 20'	Erarbeitung Ia	**Theoretischer Text:** „Der naturwissenschaftliche Erkenntnisweg"	EA	AB
	ca. 10'	Erarbeitung Ib	**Lehrerversuch zur Diffusion** (Teil 2) ▪ Beobachtungen ▪ Auswertung ▪ Ableitung von Regelmäßigkeiten	Plenum	OHP Tafel
	ca. 15'	Sicherung I	**Verschriftlichung** des Experiments auf ein strukturierendes Arbeitsblatt	EA	AB

[49] Vgl. z. B. Gilbert 2006, S. 58ff oder Joußen 2003, S. 34ff.

	ca. 25'	Erarbeitung II	**Schülerversuch** zur Frage „Welche Faktoren könnten die Diffusion beeinflussen?“ ▪ Planung ▪ Durchführung ▪ Auswertung	PA	AB Material
	ca. 10'	Sicherung II	**Besprechung der Ergebnisse** ▪ Ableiten von Gesetzmäßigkeiten	Plenum	Tafel
I	ca. 15'	**Pause**			
2. Einheit: Osmose	ca. 10'	Impuls	**Schriftliche Zusammenfassung** des Versuchs zur Diffusion **Theoretischer Text:** „Semipermeable Membranen und Osmose“	EA	AB
	ca. 10'	Erarbeitung III	**Schülerversuch Osmose** (Teil 1) ▪ Hypothesenbildung ▪ Planung	PA	AB Material
	ca. 10'	Sicherung III	**Abstimmen einer sinnvollen Versuchsplanung**	Plenum	Tafel
	ca. 30'	Erarbeitung IV	**Schülerversuch Osmose** (Teil 2) ▪ Durchführung ▪ Protokoll + Zeichnung	PA	Material AB
	ca. 20'	Sicherung IV	**Interpretation der Ergebnisse** ▪ Auswertung ▪ Ableiten von Gesetzmäßigkeiten **Zusammenfassung** der Osmose	PA Plenum	AB Tafel
	ca. 10'	Reflektion	Gemeinsame **Reflektion der Methode**	Plenum	Tafel

Das Modul besteht aus zwei Einheiten von jeweils ca. 90 Minuten Länge. Bei der Wahl der Stundenkonfiguration habe ich mich an der klassischen experimentellen Vorgehensweise orientiert[50]. Der Unterricht beginnt frontal, öffnet sich aber zunehmend, um den Lernenden mit zunehmender Methodensicherheit immer mehr Selbsttätigkeit zuzugestehen. In der ersten Einheit beschreiten die SchülerInnen den naturwissenschaftlichen Erkenntnisweg anhand eines relativ einfachen vom Lehrer angesetzten Versuchs. Das theoretische Wissen dazu erarbeiten sie anhand eines Arbeitsblattes. Anschließend soll der Versuch in Partnerarbeit auf Basis der von der Lehrkraft gegebenen Vorlage vertieft und von den SchülerInnen selbst durchgeführt werden. Dies erachte ich für wichtig, um den Schülerinnen zu ermöglichen, den Prozess der Diffusion wirklich zu *begreifen*. Das reine Betrachten eines am Pult durchgeführten Experiments, das Ausführen einer digitalen Animation, oder gar nur die

[50] Vgl. u. a. Staeck 1987, S. 286ff.

Lektüre der entsprechenden Darstellungen im Schülerbuch scheinen mir hier unzureichend und nicht gerechtfertigt. Die Lernenden sollen das Phänomen der Diffusion so nah wie möglich erleben. Diese Phase tut sowohl Klipperts Forderung nach Selbsttätigkeit der SchülerInnen Genüge, als auch der Natur des naturwissenschaftlichen Arbeitens, für das die Selbsttätigkeit, das Arrangieren von Versuchsaufbauten und das eigene Ausprobieren unabdingbar sind. Diese Unterrichtsform erfüllt überdies auch Aeblis Forderung,

> daß die Schüler die Unternehmung selber tragen. Der Lehrer leistet ihnen dabei nur Handbietung. Dies aber heißt, daß die Aufbauprozesse von Schülern in einer gewissen Selbstständigkeit vollzogen werden. [...] Der junge Schüler vermag den Aufbauprozeß nicht in abstracto, d.h. rein vorstellungsmäßig, zu vollziehen. Er muß mit der konkreten Wirklichkeit konfrontiert werden, und es muß ihm Gelegenheit gegeben werden, sein Projekt in ihr zu verwirklichen.[51]

Am Schluss des Moduls steht ein von den SchülerInnen selbst entwickeltes und durchgeführtes Experiment, das ihnen ein hohes Maß an Eigentätigkeit abverlangt[52]. Da ich allerdings nicht erwarte, dass alle SchülerInnen in der Lage sind, vollkommen selbstständig einen Versuch zur Osmose zu planen, durchzuführen und auszuwerten, wird der naturwissenschaftliche Erkenntnisweg durch Handbietung in Form von vorstrukturierten Arbeitsblättern ausgewiesen, auf denen einzelne Schritte abgesteckt werden.

Die Diffusion des Kaliumpermanganats durch Wasser benötigt etwas Zeit. Innerhalb einer halben Stunde sollte aber deutlich geworden sein, dass sich die Violettfärbung langsam gleichmäßig im Glas verteilt. Um diese Zeit sinnvoll zu nutzen, habe ich mich entschieden, den Ansatz des Versuchs und die Hypothesenbildung zu Beginn der Einheit durchzuführen und dann zunächst eine Lesephase einzufügen, in der die SchülerInnen theoretisches Wissen über den naturwissenschaftlichen Erkenntnisweg erarbeiten. Danach sollte das Experiment so weit fortgeschritten sein, dass erste Aussagen über Beobachtungen gemacht werden können.

Aus dem Verlaufsplan wird ersichtlich, dass ich mich um eine deutliche Phasierung bemüht habe, die den Lernprozess der Gruppe abwechslungsreich strukturiert. Im Laufe des Moduls wechseln sich Etappen der Einzelarbeit mit Partnerarbeit und Plenumsdiskussionen ab. Erfahrungsgemäß steigert eine solche Vielfalt der Lernformen deutlich Motivation und Interesse der Lernenden.

Die theoretischen Grundlagen werden stets in einer Stillphase erarbeitet, die Versuche in Partnerarbeit geplant und durchgeführt und anschließend werden die Ergebnisse innerhalb der

---

[51] Aebli 1983, S. 195f.

[52] Ergebnisse der kognitiven Psychologie haben belegt, dass Inhalte besser behalten werden, wenn die lernenden selbst an der Generierung von Fragestellungen und Lösungswegen beteiligt werden (vgl. Anderson 1996, S. 187ff.

gesamten Gruppe dargestellt und diskutiert. In gewisser Weise bildet diese Struktur im Kleinen den Gang realer wissenschaftlicher Forschung ab, wo die Aneignung von Grundlagenwissen i. d. R. im Selbststudium oder zumindest frontal erfolgt, Studien aber Teamarbeit erfordern und die Ergebnisse anschließend der Öffentlichkeit vorgestellt und in einem größeren Kreis diskutiert werden.
Das Modul ist sehr flexibel einsetzbar: Innerhalb des Methodentrainings lässt es sich als kompakter Block durchführen oder aber in zwei Einheiten teilen. So wäre etwa eine Version denkbar, in der an einem Tag der naturwissenschaftlich Erkenntnisweg anhand der Diffusion eingeführt wird und an einem anderen innerhalb eines vertiefenden Moduls fortgesetzt wird. Das erste Arbeitsblatt der zweiten Einheit diente dann zur Auffrischung von Wissen, das im ersten Teil erworben wurde. Theoretisch ist es auch möglich, lediglich die erste Einheit durchzuführen und mit der Zusammenfassung der Diffusion zu beenden. Die zweite Einheit könnte dann im Rahmen des Fachunterrichts am Methodentraining anknüpfen.

3.2.2 Teambildung

Die Lerngruppen für das Methodentraining werden im Laufe der Woche jeden Morgen neu zusammengesetzt. Dies geschieht per Losverfahren mit Hilfe von Spielkarten. So wird die Jahrgangsstufe täglich in 3 Kurse zu ca. 25 SchülerInnen aufgeteilt, deren Zusammensetzung immer wieder neu ist. Diese Gruppe ist, wenn sie im Übungsraum des Gymnasiums Schaurtestraße Platz genommen hat, bereits durch die Sitzordnung in Zweierpaare unterteilt. Angesichts dieser Tatsache sowie der Art und des Niveaus der ausschließlich in Partnerarbeit durchzuführenden Versuche scheint es mit sinnvoll, die SchülerInnen für die folgenden Stunden in dieser Aufteilung zu belassen.

3.2.3 Aufbau der Arbeitsblätter

Arbeitsblätter und Lehrermaterialien zu diesem Modul befinden sich im Anhang der Arbeit. Analog zu den Blättern des gesamten Methodentrainings gibt es eine Version für die LehrerInnen und eine, die an die SchülerInnen ausgeteilt wird. Letztere besteht lediglich aus Arbeitsblättern, die den SchülerInnen auf Papier oder per Email bzw. Download ausgeteilt werden. Die Lehrerversion enthält eine Übersicht über das Modul, einen Entwurf eines möglichen Unterrichtsgesprächs, die Arbeitsblätter mit Lösungsvorschlägen und Folien zur Projektion mit dem Overhead-Projektor sowie Aufgaben zur Binnendifferenzierung. Die Arbeitsblätter erkennt man an der Kopfzeile, in die die SchülerInnen Namen, Kurs und Datum eintragen sollen. Alle Lehrermaterialien sind oben rechts mit einem (L) gekennzeichnet und so von den Arbeitsblättern der SchülerInnen zu unterscheiden. Blätter, die lediglich einen Rahmen ohne Kopfzeile haben, sind zur Information der Lehrkraft gedacht und enthalten

Informationen zum Ablauf des Moduls. Die Seiten, die weder eine Kopfzeile noch einen Rahmen haben, sind als vertiefende Informationen oder zur Binnendifferenzierung gedacht. Diese Materialien sind also nicht obligatorisch und können an besonders schnelle oder interessierte Schülerinnen ausgegeben werden.

Das erste Arbeitsblatt gibt in knapper Form eine Übersicht über das Modul. Layout und Gliederung dieses Blattes habe ich nach dem Vorbild der bereits bestehenden Module des Methodentrainings entworfen. Hier wird der Lehrkraft in knapper Form mitgeteilt, worum es in dem Modul geht, wie der Ablauf ist und was sie für die Durchführung wissen muss. Hier werden auch einige vertiefende Informationen für besonders interessierte (fachfremde) Lehrkräfte oder SchülerInnen gegeben, welche jedoch nicht unbedingt erforderlich sind.

Die Arbeitsblätter weisen einen starken Anteil von Hinweisen auf die momentane Lernphase auf („Du wirst nun etwas über ... erfahren.“; „Auf dem vorangegangenen Arbeitsblatt hast du einiges über ... gelernt...“; „Im Folgenden wollen wir das Gelernte anwenden.“ etc.). Bei diesen Formulierungen soll es sich jedoch weder um einen anbiedernden „Erzähl-Onkel-Stil“, noch um ein Gängeln der SchülerInnen handeln. Vielmehr möchte ich hier durch Metakognition auf Seiten der SchülerInnen die Reflektion des eigenen Handelns evozieren[53]. Diverse Didaktiker betonen wiederholt die Bedeutung der Transparenz des Lernprozesses[54] und besonders in Anbetracht der Tatsache, dass die Module evtl. von Nicht-Naturwissenschaftlern angeleitet werden, muss den SchülerInnen durch solche „Wegweiser“ die Transparenz und Sinnhaftigkeit des Lernprozesses deutlich gemacht werden. Während ich den methodischen Anweisungen und Arbeitsaufträgen relativ viel Anteil an den Arbeitsblättern einräume, bemühe ich mich im Informationsteil um entsprechende Bündigkeit[55].

---

[53] Herbert Gudjons spricht von „Lernsteuerung durch Metakognition“ und betont die Bedeutung dieser Fähigkeit für den Lernprozess der SchülerInnen (vgl. Gudjons 2006, M30). Auch Gislinde Bovet weist darauf hin, dass metakognitive Prozesse das Arbeiten nachweislich erfolgreicher machen und essentielle Bestandteile eines effizienten Problemlöseprozesses sind (vgl. Bovet 2006, S225ff).

[54] Andreas Helmke nennt „Klarheit und Strukturiertheit“ als Prinzip erfolgreichen Unterrichts, Hans Haenisch rät dringend, „Klarheit über Ziele des Unterrichts herzustellen“ und Hilbert Meyer mahnt zur klaren Strukturierung des Unterrichts und inhaltlicher Klarheit durch Verständlichkeit der Aufgabenstellung und Plausibilität des thematischen Gangs (vgl. *Friedrich Jahresheft.* 2007, S. 64f. oder *Script der Einführungsveranstaltung HS Leverkusen 07-09*, M3-4).

[55] Bei der Gewichtung von Informationen und Handlungsanweisungen orientiere ich mich an den Empfehlungen von Stäudel 2007, S. 48: „Formulieren Sie den Informationsteil knapp, klar und verständlich. [...] Formulieren Sie eine oder mehrere präzise Aufforderungen, was zu tun ist oder was erwartet wird. [...] Bearbeitungshinweise, inhaltliche Impulse und lernstrategische Hilfen können zur Differenzierung beitragen.“

Im ersten Schülerarbeitsblatt wird den SchülerInnen die naturwissenschaftliche Methode in Kürze vorgestellt. Dabei erscheint es mir wichtig, im Sinne einer didaktischen Reduktion ein der Zielgruppe verständliches Vokabular zu benutzen und sie nicht durch komplizierte didaktische Begriffe wie „hypothetisch-deduktive Vorgehensweise“ zu verschrecken. Dieser Teil der didaktischen Theorie ist für Lehrer sicherlich unumgänglich, die SchülerInnen jedoch brauchen nicht den Unterschied zwischen Induktion und Deduktion zu kennen, um das Modul erfolgreich absolvieren zu können. Hingegen halte ich es für zweckmäßig, den SchülerInnen die Begriffe „verifizieren“ und „falsifizieren“ als Schlüsselbegriffe zu vermitteln und habe sie deshalb in den theoretischen Text mit aufgenommen.

Da das Anfertigen eines Versuchsprotokolls für die erfolgreiche naturwissenschaftliche Arbeit unerlässlich ist[56], darf auch eine Einleitung zur Erstellung eines Protokolls nicht fehlen. Erfahrungsgemäß wird die Erstellung eines Protokolls beim praktischen Arbeiten von den SchülerInnen als lästig empfunden. Gerade in der Biologie sollten Protokolle aber unabdingbarer Bestandteil einer Untersuchung sein[57]. Ich erachte es als notwendig, auf dem entsprechenden Arbeitsblatt noch einmal ausdrücklich auf die Bedeutung eines Protokolls hinzuweisen. Überhaupt haben die Schülermaterialien selbst durch ihre Gliederung einen deutlichen Protokollcharakter. Während die ersten Arbeitsblätter jedoch engschrittige und detaillierte Anweisungen enthalten („Als nächster Schritt folgt die Bildung von Hypothesen, d .h. das Äußern von Vermutungen über das Resultat des Experiments. [...] Fasst hier noch einmal die wichtigsten Hypothesen zusammen!“), müssen die Schüler auf den folgenden Arbeitsblättern zunehmend selbstständiger experimentieren und protokollieren. Die Struktur der Arbeitsanweisungen wird mit Voranschreiten des Moduls immer offener und besteht am Schluss des Moduls nur noch aus einzelnen Stichpunkten („Hypothesenbildung“, „Beobachtungen“ etc.).

Die Lehrermaterialien enthalten neben detaillierten Handlungsanweisungen auch Entwürfe zur Gesprächsführung. Selbstverständlich kann man nicht jede Eventualität und jede mögliche Schülerfrage bzw. –antwort berücksichtigen. Daher habe ich mich darauf beschränkt, eine

---

[56] Vgl. u. a. Ludwig et al. 2007, S. 7.

[57] In der Biologie ist besonders das Zeichnen als Sonderform des Protokolls von äußerster Wichtigkeit. Das was Eduard Strasburger seinerzeit formulierte, gilt noch immer für das gesamte wissenschaftliche Arbeiten und Protokollieren in der Biologie: „Nur durch Zeichnen lernt man scharf beobachten, denn die Einzelheiten des Objektes kommen einem erst vollkommen zu Bewusstsein, wenn man zum Zweck seiner Wiedergabe seine ganze Aufmerksamkeit darauf richtet. Das Zeichnen schützt somit vor flüchtiger, oberflächlicher Betrachtung, zwingt uns zu einem eingehenden, gründlichen Studium des Bildes und schärft mehr als jedes andere Mittel unsere Beobachtungsgabe.“ (Strasburger. 1976, S. 15).

Beispielkonversation zwischen Lehrkraft und Schülern zu formulieren, wie ich sie aufgrund meiner Erfahrungen aus dem Unterricht und der erstmaligen Durchführung des Moduls erwarte.

3.2.4 Mögliche Schwierigkeiten

Es ist davon auszugehen, dass die SchülerInnen bereits in der ersten Stunde des naturwissenschaftlichen Unterrichts der Jahrgangsstufe 11 eine Sicherheitseinweisung für das Arbeiten in naturwissenschaftlichen Räumen bekommen haben. Sollten dennoch einige SchülerInnen Unsicherheit im Umgang mit Räumlichkeiten oder Geräten zeigen, kann eine kurze Sicherheitsbelehrung anhand des entsprechenden Arbeitsblattes[58] stattfinden.
Auch wenn die SchülerInnen die thermische Eigenbewegung der Teilchen bereits in der Mittelstufe kennen gelernt haben, heißt das nicht, dass sie sich auch an den Stoff erinnern. Um ihre Erinnerungen aufzufrischen kann eine Folie aus einem Chemiebuch der Mittelstufe[59] benutzt werden, die sich unter den Lehrermaterialien befindet und als Impuls per Overhead-Projektor projiziert werden kann.
Im Rahmen des ersten Versuchs müssen die Schülerinnen Kaliumpermanganatkristalle in Wasser auflösen. Da Kaliumpermanganat gesundheitsschädlich ist, empfiehlt es sich, ca. gleich große Kristalle vor der Stunde herauszusuchen und diese dann durch die Lehrkraft zu verteilen. So laufen die Lernenden nicht Gefahr, direkt mit einem gesundheitsschädlichen Stoff in Berührung zu kommen und können trotzdem in ihren Petrischalen das Experiment verfolgen.
Im Versuch zur Diffusion von Zucker und Wasser soll der Zucker anhand einer Geschmacksprobe nachgewiesen werden. Dies ist freilich keine vollkommen objektive wissenschaftliche Methode, die ich im Interesse der einfachen Durchführbarkeit dieses Versuchs jedoch für gerechtfertigt halte. Alternativ könnte der Nachweis von Zucker mit Teststreifen erbracht werden.

3.2.5 Binnendifferenzierung

Innerhalb des Moduls bietet es sich an, schnellen SchülerInnen vertiefende Informationen zur wissenschaftlichen Methode zur Verfügung zu stellen, so dass die Methode weiter verfestigt

[58] „Sicher im Labor arbeiten", Krüger/Mayer 2006, S. 2 (s. Anhang).

[59] Arnold/Dietrich 2007, S. 34.

werden kann[60]. Dazu folgt in der Lehrerversion auf jeden Arbeitsblattabschnitt ein Informationsblatt zur Binnendifferenzierung, das ausgedruckt und bei Bedarf verteilt werden kann.
In einem Raum in dem ausreichend Computer zur Verfügung stehen, könnte man den SchülerInnen eine CD mit Zusatzinformationen wie etwa der Entdeckung der Teilchenbewegung durch Robert Brown oder eine Animation der Bewegung zur Verfügung stellen[61].

3.2.6 Didaktische Reserve

Das Modul bietet an verschiedenen Gelenkstellen die Möglichkeit der inhaltlichen Ausweitung der Diskussion. Nach dem Lehrerversuch kann diskutiert werden, welche „Alltagsstoffe" die SchülerInnen kennen, die sich in Flüssigkeiten auflösen (Zucker im Kaffee, Salz in der Suppe etc.). Hier kann auch weitergehend spekuliert werden: „Was passiert mit dem Zucker wenn der Kaffee kalt ist? Löst er sich dann auch auf?". Gut vorbereitete Kollegen könnten sogar einen kalten Kaffee mitbringen und Zucker hinein werfen (lassen). Eine solche Diskussion könnte auch den Übergang zur nächsten Frage („Wovon hängt die Geschwindigkeit der Diffusion ab?") bilden. Wenn man den Kaffe stehen lässt, kann er bei einem späteren Modul auch wieder hervorgeholt und inspiziert werden (Der Zucker wird zwar langsam in den Kaffe diffundiert sein, dieser Prozess dauert auf Grund des Mangels an thermischer Energie aber relativ lange.).
Fachkollegen sollte auch eine vertiefende Diskussion über die zur Rede stehenden Phänomene selbst nicht schwer fallen. Es bietet sich an, kurz vor Ende der ersten Einheit noch einmal auf den Versuchsansatz auf dem Overhead-Projektor hinzuweisen. Zu dieser Zeit sollte die Diffusion schon relativ weit vorangeschritten sein. Die Lehrkraft kann die SuS erneut beschreiben lassen, was sie sehen („Die Ausbreitung erfolgt noch immer kreisförmig."; „Die Farbintensität nimmt weiter ab." etc.) oder er kann sie spekulieren lassen („Was schätzt ihr, wie lang es dauert, bis sich das gesamte Kaliumpermanganat über die Schale ausgebreitet hat?"; „Ist die Geschwindigkeit der Diffusion immer die gleiche?" „Was passiert, wenn die Durchmischung fertig ist? Hört dann auch die Teilchenbewegung auf?"; „Wenn wir am Ende

[60] Z. B. mit den Informationsblättern „Ergebnisse präsentieren" (Krüger/Mayer 2006, S. 33) oder „Wie funktioniert Wissenschaft?" (Ebd., S. 35).

[61] Eine hervorragende Sammlung solcher Materialien findet sich auf der *Demo-CD-ROM Fokus Chemie* des Cornelsen Verlags. Hier können SchülerInnen Filme zum Thema ansehen und in Animationen selbst Faktoren wie Temperatur oder Anzahl der Teilchen verändern.

unserer Methodenwoche in die Schale schauen, wie sieht das dann wohl aus?" etc.). Solche Fragen sind natürlich auch an den Gelenkstellen der zweiten Einheit denkbar und erhalten umso mehr Bedeutsamkeit, wenn der Ansatz aufbewahrt wird und gegen Ende der Woche tatsächlich ein gemeinsamer Blick in die Schale erfolgt.

3.3 Durchführung

Als „Entwurf eines Moduls" liegt der Schwerpunkt dieser Arbeit im Bereich der didaktischen Planung und Erstellung entsprechender Materialien. Um jedoch einen Eindruck von der Wirksamkeit dieses Entwurfs zu erhalten, habe ich einen „Testlauf" organisiert, bei dem das Modul außerhalb des regulären Methodentrainings (das erst im August stattfindet) durchgeführt wurde. Ich habe diese Durchführung mit Fotos dokumentiert (s. u.) und werde in der Reflektion auf einige Erfahrungen aus diesem Praxistest Bezug nehmen.
Naturgemäß stand mir dafür keine völlig authentische Lerngruppe zur Verfügung: Die aktuelle Jahrgangsstufe 11 kam als Probandengruppe nicht in Frage, da sie das Thema Diffusion und Osmose bereits in der 11.1 ausführlich behandelt hatte. Deswegen habe ich das Training mit der Klasse 10b durchgeführt, die dem Wissenstand von Schülern am Anfang der Jahrgangsstufe 11 recht nahe kommt.

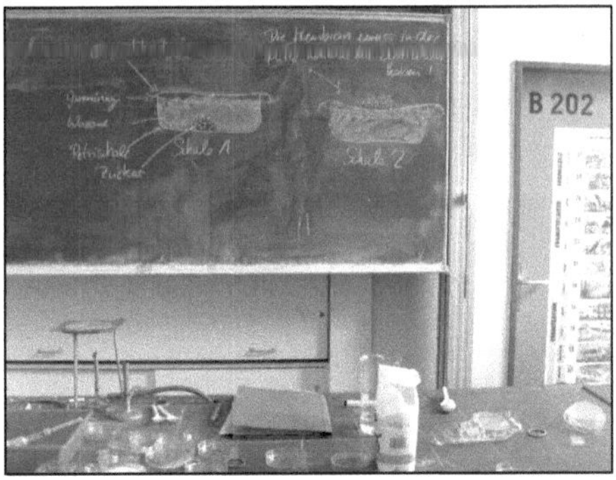
B 202

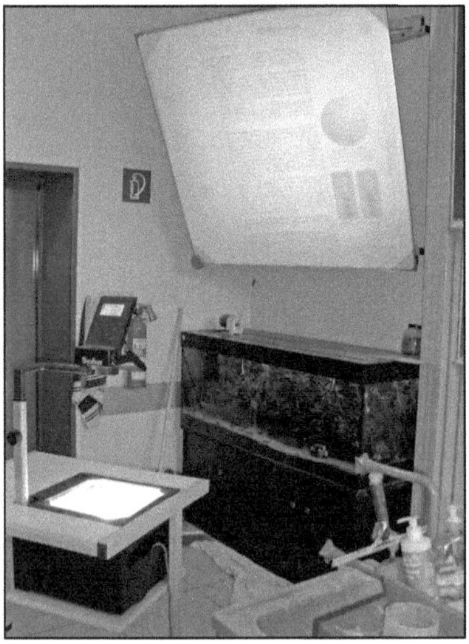

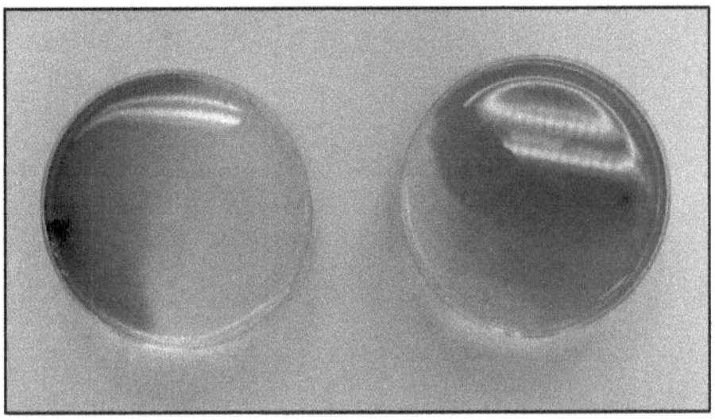

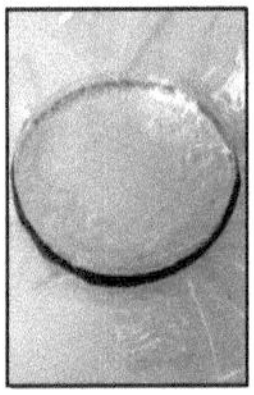

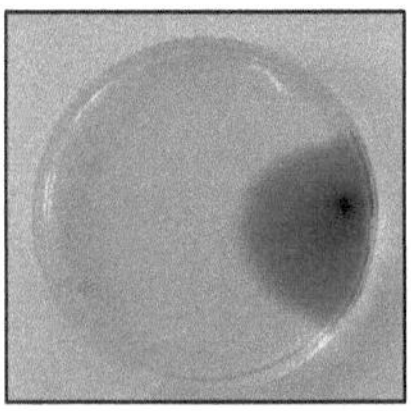

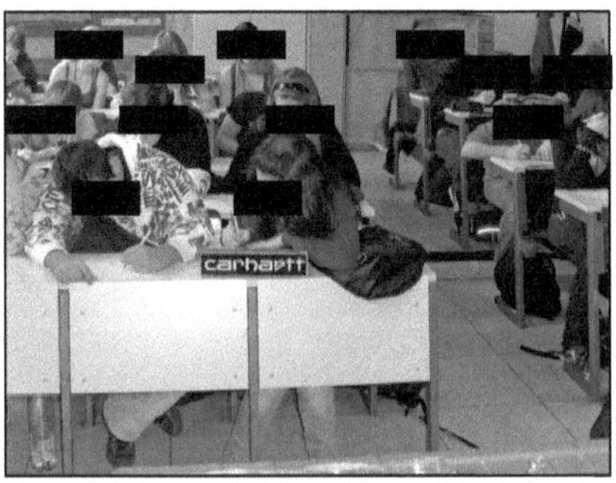
carhartt

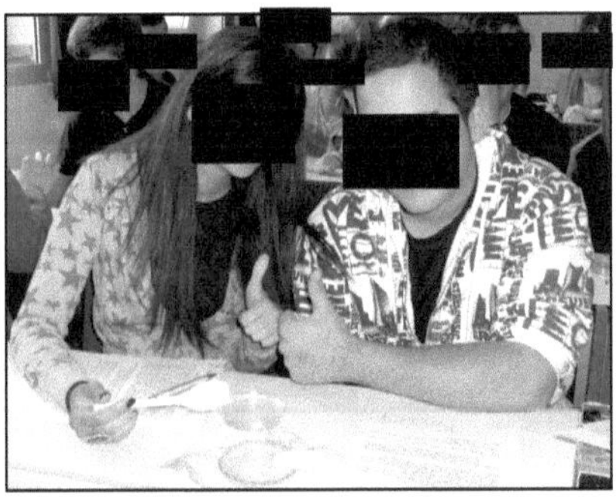

3.4 Reflektion

3.4.1 Zusammenfassung

Im Rahmen der Durchführung des Moduls konnte ich mich davon überzeugen, dass auf Grund des relativ geringen Vorbereitungs- und Materialaufwands die Organisation auch für nur eine Lehrkraft leicht zu bewältigen ist. Selbst fachfremde KollegenInnen sollten in der Lage sein, die benötigten Materialien zu beschaffen bzw. den SchülerInnen zur Verfügung zu stellen. Außerdem habe ich im Rahmen des Methodentrainings im letzten Jahr die Erfahrung gemacht, dass die Kooperation zwischen den Lehrkräften auch über die Teams hinaus so gut ist, dass unerfahrene KollegInnen sich des Beistands erfahrener Methodentrainer sicher sein können und niemand selbstständig ein völlig unbekanntes Modul durchführen muss. Auch bei meiner Durchführung konnte ich mich auf die Kooperation seitens der Kollegen verlassen, die mir ihre Stunden in der 10b zur Verfügung gestellt haben bzw. auf andere Räume ausgewichen sind, so dass ich einen ganzen Stundenblock im Übungsraum zur Verfügung hatte, in dem ich das Modul durchführen konnte.

Die SchülerInnen in der Klasse 10 sind im Mai inhaltlich annähernd so versiert, wie sie es im August in der Jahrgangsstufe 11 sein werden. Zwar wussten auch in der Klasse 10 die meisten nicht, was die Triebkraft hinter dem Vermischen der Stoffe sein könnte; nachdem von einem guten Schüler der Begriff *Eigenbewegung der Teilchen* genannt wurde, erinnerten sich jedoch zumindest einige, schon einmal davon gehört zu haben. Auf Nachfrage erhielt ich die Information, dass ein ehemaliger Lehrer der Schule ein ähnliches Experiment bereits in der Klasse 8 (allerdings nur am Pult) demonstriert hatte. Worum es bei diesem Experiment ging, konnte aber keiner der Schüler sinnvoll schildern. Hierin sehe ich ein weiteres Indiz dafür, dass Selbsttätigkeit und Eigenverantwortlichkeit der SchülerInnen ein essentieller Bestandteil des Unterrichts sein sollten, um die Nachhaltigkeit des Lernprozesses zu gewährleisten.

Die Klasse 10b unterscheidet sich in ihrer Zusammensetzung von einer Jahrgangsstufe 11, insofern hier ausschließlich SchülerInnen des Gymnasiums Schaurtestraße und keine Quereinsteiger aus der Haupt- und Realschule lernen. Dies hat, wie oben erwähnt, neben der Heterogenität bzgl. des Leistungsniveaus auch Auswirkungen auf das soziale Miteinander. Die SchülerInnen der Klasse kennen sowohl die MitschülerInnen, als auch die Räumlichkeiten, was vermuten lässt, dass sie sich während des Moduls tendenziell selbstbewusster verhalten haben, als dies in einer Jahrgangsstufe 11 der Fall wäre. Die SchülerInnen der 10b zumindest haben daher in den Partnerphasen kollegial und bereitwillig zusammen gearbeitet. Im Lehrer-Schüler-Gespräch herrschte anfänglich jedoch, bis auf wenige Ausnahmen, höfliche Zurückhaltung. Dies lag sicherlich auch daran, dass ich für die

Klasse eine unbekannte Lehrkraft war, da wir noch nie regulären Unterricht zusammen hatten. Durch einige Fragestellungen, die auf Alltags- bzw. Vorwissen abzielten, gelangt es aber bald das Unterrichtsgespräch anzuregen[62]. So ermöglichten es z. B. die oben bereits erwähnten Fragen nach alltäglichen Lösungsvorgängen (z. B. Zucker im Kaffee) vielen SchülerInnen, etwas zum Unterricht beizutragen, und sich dabei der Richtigkeit des Gesagten relativ sicher zu sein, was zu einer stärkeren Beteiligung während der Frontalphasen führte.

Das partnerschaftliche Experimentieren schien allen Freude zu machen und wurde gewissenhaft durchgeführt. Insgesamt zeigten die SchülerInnen große Motivation und Interesse am Stoff. Da sich nach etwas Nachbohren doch rudimentäre Vorkenntnisse offenbarten, war der fachliche Inhalt den Schülerinnen nicht völlig neu. Außerdem wurden die Inhalte durch die oben genannten didaktischen Reduktionen weiter vereinfacht. So ließ sich in der Tat die Absicht realisieren, im Vordergrund die naturwissenschaftliche Methode zu betrachten und trotzdem relevante Inhalte zu vermitteln.

Selbstverständlich spiegelt der vorliegende Entwurf nicht die Gesamtheit aller naturwissenschaftlichen Arbeitsweisen wider. Um das komplette Repertoire zu repräsentieren müssten natürlich noch zahlreiche andere Fertigkeiten aufgenommen werden; etwa Mikroskopieren, Präparieren, Detailzeichnen, Benutzen eines Bestimungsschlüssels und Anstellen physikalischer Messungen, um nur einige zu nennen. Ein solches Unterfangen würde allerdings den Rahmen dieser Arbeit sprengen. Daher strebt diese Arbeit keine methodische Vollständigkeit an, sondern versteht sich lediglich als Entwurf eines stereotypischen naturwissenschaftlichen Erkenntnisprozesses unter Einbezug grundlegender naturwissenschaftlicher Methoden. Dass diese Methoden nicht den Ansprüchen einer professionellen Laborarbeit genügen sollte Naturwissenschaftlern auch klar sein. So ist im Rahmen der Durchführung z. B. das Arbeiten mit Leitungswasser sicherlich kritisch zu betrachten. Alternativ könnte destilliertes Wasser benutzt werden. Erklärtes Primat dieses Entwurfs ist jedoch die Reduktion der Vorbereitung und der Materialien auf ein Minimum und ein Kanister mit destilliertem Wasser ist m. E. nicht unbedingt nötig. Schließlich liegt der Fokus dieses Moduls auf der Methode und die gewünschten Effekte haben sich bei der Durchführung auch mit Leitungswasser hervorragend beobachten lassen.

Im Zuge der eingehenden praktischen Vorbereitung des Moduls sind mir zwei handwerkliche Schwächen aufgefallen, die ich bei der theoretischen Planung nicht bedacht hatte. Die Benutzung des Overhead-Projektors zur Projektion der Petrischale blockiert diesen natürlich

[62] Dieses Phänomen beschreibt auch Lothar Staeck der dazu rät, Schülern in unbekannten Situationen mittels Fragen, die spontan von jedem beantwortet werden können, zu einer „lernpositiven Hormonlage“ zu verhelfen (vgl. Staeck 1987, S. 290).

für den Gebrauch mit Folien. Die von mir entworfene Variante benötigt also einen zweiten Projektor. Am Gymnasium Schaurtestraße entstehen z. Zt. allerdings neue Fachräume, die jeweils mit einem fest installierten Beamer ausgestattet sind. Eine digitale Version der Folien würde somit einen zweiten Projektor überflüssig machen. Ein zweites Problem meiner Planung, das die digitale Technik hingegen nicht nur nicht zu lösen vermag, sondern das, wenn man so will, aus ihr erwachsen ist, betrifft den Download der Materialien durch die Schülerschaft. Da ich zu Zwecken der Sicherung auf einem Arbeitsblatt eine Zusammenfassung des Prinzips der Diffusion gegeben habe[63], dürfte dieses Blatt den SchülerInnen zur Hypothesenbildung am Anfang der Einheit natürlich noch nicht zu Verfügung stehen. Entgegen meinem Bestreben, die Kopien für die Schülerschaft völlig überflüssig zu machen, müsste dieses Blatt also tatsächlich durch die Lehrkraft kopiert und ausgeteilt werden, um an der entsprechenden Stelle die Frage aufzulösen und ein fundiertes Weiterarbeiten zu ermöglichen.

Lutz Stäudel empfiehlt, im Unterricht strukturierende Hilfen zur Unterstützung des Arbeits- und Lösungsprozesses anzubieten[64]. Diesen Rat habe ich mit einer Gliederung der Einheiten durch Arbeitsblätter, vertiefende Informationen und Materialvorschläge befolgt. Alternativ zu der von mir gewählten Vorgehensweise, den Lernprozess durch Arbeitsblätter und Stillarbeitsphasen zu strukturieren, wäre eine völlig offene Herangehensweise denkbar, bei der die SchülerInnen die Fragestellung vollkommen selbstständig finden und das Schülerexperiment ohne vorherigen Abgleich eines sinnvollen Versuchsaufbaus durchführen. Dies wäre sicherlich eine authentischere Variante, da es in der realen Forschung ja auch kein „allwissendes Korrektiv“ gibt, das ForscherInnen an wichtigen Punkten wieder auf den richtigen Weg bringt bzw. ihnen Rückmeldung darüber gibt, wie viel versprechend ihre Planungen sind. Man könnte diesen Ansatz sogar so weit verfolgen, dass man im Dienste des eigenverantwortlichen Lernens die Lernenden sich ihre Versuchsgegenstände selbst aussuchen lässt, statt ihren Erkenntnisprozess mit vorgegebenen Materialien zu „gängeln“. Jedoch hat meine Erfahrung gezeigt, dass die SchülerInnen teilweise auf abstruse Ideen kommen, um mit den zur Verfügung stehenden Materialien eine Osmose herbeizuführen. Diese Ansätze gilt es rechtzeitig abzubremsen, bevor Mensch oder Material in Mitleidenschaft gezogen werden[65]. Tatsächlich ist nur eine Minderheit der SchülerInnen in

---

[63] Nach Miram/Scharf 1997, S. 55, verändert.

[64] Vgl. Stäudel 2006, S. 48.

[65] Handlungsorientierung und Selbsttätigkeit sind u. a. Hauptziele des Unterrichtskonzepts Hilbert Meyers. Hier wird allerdings auch explizit darauf verwiesen, dass auf eine gewisse Führung durch den Lehrer nicht völlig verzichtet werden kann (vgl. Huwendiek 2006, S.47ff).

der Lage, den angestrebten Versuch vollkommen selbstständig zu planen und durchzuführen. Durch die Förderung Problemlösenden Arbeitens, die Stärkung kooperativer Strategien und das Training eigenverantwortlicher Methoden in der Schule könnte jedoch die Zahl derer, die eigenständig zu einem sinnvollen Ergebnis kommen, zukünftig erhöht werden.

3.4.2 Beurteilung des Lernerfolgs

Eine umfassende Beurteilung des Lernerfolgs würde eine ausführliche Evaluation voraussetzen, die jedoch nicht Bestandteil dieser Arbeit ist. Eine solche Evaluation könnte jedoch nach der Durchführung des Methodentrainings im Rahmen des Fachunterrichts stattfinden. Dennoch lassen sich auch auf Basis der von mir bei der Probedurchführung gewonnen Eindrücke einige Aussagen bzgl. der Wirksamkeit der Lernziele treffen.
Wie beabsichtigt, hatte die Klasse während der gesamten Durchführung die methodische Zielsetzung des Unterrichts vor Augen. Das Arbeitsblatt „Der naturwissenschaftliche Erkenntnisweg“ wurde von allen SchülerInnen konzentriert gelesen und anschließend im Plenum kurz zusammengefasst. Jedoch mussten die SchülerInnen in der Diskussion durch die Lehrkraft mehrfach darauf aufmerksam gemacht werden, statt der Alltagssprache das Fachvokabular („Hypothesen“, „falsifizieren“, „verifizieren“ etc.) zu benutzen. Hier wäre zusätzlich evtl. eine Vertiefung der Termini anhand eines Lückentextes o. ä. denkbar. Rückblickend bin ich mir nicht sicher, ob der Transfer dieser Methode auf die Praxis allen SchülerInnen transparent war. Hier hätte in den Plenumsphasen eine häufigere Bezugnahme auf die Theorie abgeholfen („In welcher Phase befinden wird uns jetzt?“ „Welcher Schritt des naturwissenschaftlichen Erkenntnisweges kommt als nächstes?“). So hätte das Bewusstsein für die den Experimenten unterliegende Struktur noch stärker ausgeprägt werden können.
Als inhaltliches Lernziel wurde das grobe Verständnis der thermischen Eigenbewegung der Teilchen und des Prinzips der Diffusion bzw. der Osmose formuliert. Tatsächlich waren einzelne SchülerInnen innerhalb der Durchführung in der Lage, anhand der besprochenen Prinzipien Erwartungen und Interpretationen bzgl. der Experimente zu formulieren. Ob diese Fähigkeit auf die gesamte Lerngruppe zutrifft, lässt sich im Rahmen dieser Arbeit jedoch nicht beurteilen. Ein erster Eindruck von der Lernwirksamkeit des Unterrichts ließe sich durch Analyse und Interpretation der ausgefüllten Arbeitsblätter gewinnen. Wie nachhaltig das Wissen über diese Prinzipien erlernt wurde, könnte man mit einem Test oder einer erneuten Anwendung des Stoffes im Fachunterricht prüfen und detailliert auswerten.
Die SchülerInnen haben ihre Experimente jedoch in jedem Fall mit Interesse und Elan entworfen und durchgeführt. In Partnerteams haben sie kollegial und engagiert zusammen

geplant, aufgebaut und beobachtet. An dieser Stelle wäre jedoch ein Verweis auf die Bedeutung der Sauberkeit und Sorgfalt beim Experimentieren sinnvoll gewesen. Anscheinend arbeiten SchülerInnen dieser Klasse noch nicht ganz so selbstverantwortlich, wie von mir erwartet. An einigen Tischen wurde derart „engagiert" gearbeitet, dass teilweise Zuckerwasser neben die Petrischalen lief. Die Lehrermaterialien habe ich daher um eine entsprechende Mahnung zur Sorgfalt ergänzt.

Das Durchführen des zweiten Versuchs mit Zucker und bekannten Materialien des Alltags hat sich voll und ganz bewährt. Diese affektive Herangehensweise hat den SchülerInnen einen vertrauten Umgang mit dem Material ermöglicht und auch die Idee der Geschmacksprobe kam schnell auf. Diese Probe wurde sehr eindrucksvoll von einem Schüler durch geführt, der die formulierte Hypothese für die gesamte Klasse bestätigte, was andere zur Nachahmung anregte, so dass die meisten Schüler die einseitig gerichtete Diffusion am Ende der Stunde tatsächlich einmal „geschmeckt" und damit „erlebt" hatten.

3.4.3 Ausblick

Je nach Gewichtung der naturwissenschaftlichen Anteile im Methodentraining bietet dieses Modul zahlreiche Erweiterungsmöglichkeiten. So könnte z. B. eine Einheit durchgeführt werden, in der ausschließlich korrekte Protokollführung[66] oder genaues Zeichnen bzw. Beobachten etc. trainiert wird. Auch die sinnvolle Planung eines Experiments (Gegenprobe, Nullprobe, Fehlerquellen, Objektivität, Wiederholbarkeit) wäre ein reizvolles Thema für eine Vertiefung des Themas.

Im Rahmen des Methodentrainings habe ich bereits im letzten Jahr ein Modul zum Thema „Präsentieren mit PowerPoint" entworfen und durchgeführt[67]. Dieses Modul ist von den SchülerInnen sehr gut angenommen und als äußerst nützlich empfunden worden. Im

---

[66] Einen ersten Ansatz dazu findet man sogar bereits in Klipperts Methodentraining, wenn hier auch von einem allgemeinen Ergebnisprotokoll statt einem naturwissenschaftlichen Versuchsprotokoll die Rede ist (vgl. Klippert 2007, S. 184).

[67] Am Rande sei hier bemerkt, dass das Fehlen „digitaler" Methoden ein weiterer Kritikpunkt des Methodentrainings nach Klippert ist. Bei dem von mir entworfenen PowerPoint-Modul handelt es sich um eine Ergänzung des Klippert'schen Methodentrainings, die m. E. im Schulalltag unbedingt notwendig ist. In Klippert 2007 findet man zwar ein Modul zum „Lernplakat erstellen", die „digitale Version" dieser Kompetenz, also der Umgang mit Text und Bild verarbeitenden Computerprogrammen fehlt allerdings völlig. In diesem Modul werden den Lernenden handwerkliche Grundlagen zu der Arbeit mit PowerPoint und der Benutzung eines Beamers vermittelt. Außerdem habe ich mit diesem Modul versucht, SchülerInnen ein Gefühl dafür zu geben, welche optischen Effekte einer bestimmten Präsentation angemessen sind und wie Präsentationstechniken effektiv eingesetzt werden können.

Zusammenhang mit dem naturwissenschaftlichen Modul würde sich eine Vernetzung dieser beiden Bereiche in Form eines Rückbezugs auf das Experiment im Rahmen eines PowerPoint-Vortrags anbieten. Im letzten Jahr hatten die SchülerInnen die Wahl, welches Thema die von ihnen zu erstellende Präsentation behandeln sollte. Viele SchülerInnen haben sich mit dieser Wahl jedoch schwer getan und waren entweder völlig einfallslos oder haben Inhalte gewählt, die für eine PowerPoint-Präsentation ungeeignet waren. Um solche Probleme zu umgehen, könnte man die SchülerInnen z. B. bitten, ihre Ergebnisse aus dem naturwissenschaftlichen Modul zu präsentieren, das Protokoll digital zu erstellen[68] oder den naturwissenschaftlichen Erkenntnisweg anhand einer Präsentation zu erklären. Eine solche Verbindung der Module würde verschiedene Funktionen gleichzeitig erfüllen: SchülerInnen, die Probleme mit der Themenwahl haben, hätten eine klare Vorgabe und hielten sich nicht unnötig lange mit der Themensuche auf[69]. Außerdem hätten sie die Sicherheit, ein Thema zu haben, das sich wirklich als Präsentationsthema eignet; in der Tat werden wissenschaftliche Ergebnisse oder Versuche oft in digitaler Form präsentiert. Außerdem handelt es sich hier nicht um ein „aufgezwungenes" Thema, zu dem die SchülerInnen keinen Bezug haben (à la „...und Marion hält uns bitte mal einen Vortrag über die Argumente für und gegen die Todesstrafe..."). Vielmehr handelt es sich um ein Experiment, das sie selbst durchgeführt haben, mit Ergebnissen, die selbst erarbeitet wurden[70]. Für einige wissenschaftlich interessierte SchülerInnen könnte dies tatsächlich schon eine Übung für den späteren Beruf darstellen (wissenschaftspropädeutischer Ansatz[71]). Der Verweis auf diese Tatsache könnte auch als zusätzliche Motivation genutzt werden, den Umgang mit PowerPoint zu erlernen.

---

[68] Diese Aufgabe trüge auch den Richtlinien Rechnung, in denen explizit auf die Rolle von Versuchsprotokollen und anderen Darstellungsweisen wie „Darstellen der Ergebnisse in Form von Tabellen/Graphen/Diagrammen und Abbildungen" hingewiesen wird (Vgl. *Richtlinien und Lehrpläne für die Sekundarstufe II – Gymnasium/Gesamtschule in NRW, S. 62*).

[69] Selbstverständlich trägt eine völlig freie Wahl des Themas der Schülerorientierung in höherem Maße Rechenschaft als die Vorgabe des Themas. Allerdings bin ich auf Grund meiner Erfahrungen vom letzten Methodentraining der Meinung, dass etliche SchülerInnen, die sich im ersten Fall ein Thema „aus den Fingern saugen" mussten, über eine klare thematische Vorgabe recht froh gewesen wären. In Anbetracht dieser Tatsache wäre auch zu überlegen, ob man nicht die freie Themenwahl beibehält und SchülerInnen, denen kein eigenes Thema einfallen will, die Diffusion als Thema vorgibt.

[70] Hartmut Wenzel hat (neben vielen anderen) herausgestellt, dass SchülerInnen deutlich engagierter, motivierter und effektiver arbeiten, wenn sie sich selbst als Subjekt und Verursacher von Lernergebnissen sehen (vgl. Wenzel 1987, S. 31f). Dieser Effekt trifft natürlich einerseits auf die methodischen Kenntniszuwächse zu, ebenso aber auch auf die „schnöden" Daten, mit denen gearbeitet wird.

[71] Vgl. *Richtlinien und Lehrpläne für die Sekundarstufe II – Gymnasium/Gesamtschule in NRW*, S. 10.

Ein weiterer Vorteil dieses Rückgriffs wäre die Wiederholungsfunktion für die Lernenden. Der vorher erlernte Stoff wird nach ein oder zwei Tagen reaktiviert und angewendet[72]. Außerdem gibt eine Wiederholung des naturwissenschaftlichen Moduls dem Lehrer Gelegenheit, die Lernwirksamkeit und Nachhaltigkeit des Moduls zu überprüfen. Mögliche Aufgabenstellungen könnten lauten: „Haltet einen Vortrag über den naturwissenschaftlichen Erkenntnisweg!"; „Fasst Eure Ergebnisse aus dem naturwissenschaftlichen Modul zusammen und präsentiert sie per Beamer der Gruppe!"; „Stellt den Prozess der Osmose grafisch in einer Präsentation dar!" etc.

Umgekehrt bietet dieses Modul natürlich auch Möglichkeiten der Anwendung von Kompetenzen, die in vorherigen Modulen erworben wurden. So werden die SchülerInnen vorher bereits z. B. ein Modul zum Markieren von Texten oder zur Kooperation mit Mitschülern absolviert haben und die entsprechenden Kompetenzen anwenden können.

---

[72] Ergebnisse der Kognitionspsychologie haben gezeigt, dass Geschwindigkeit und Wahrscheinlichkeit eines Zugriffs auf Lerninhalte sehr stark von der Häufigkeit und dem letzten Zeitpunkt des Abrufs abhängen. Die Wissensvermittlung sollte sich also nicht nur darauf beschränken, Inhalte zu präsentieren und kurzzeitig abrufbar zu machen, sondern sie durch regelmäßiges Wiederholen zu festigen (vgl. Anderson 1996, S. 177-180).

4 LITERATURVERZEICHNIS

Aebli, Hans. 1983. *Zwölf Grundformen des Lehrens.* 12. Auflage, 2003. Stuttgart: Klett-Cotta.

Anderson, John Robert. 1996. *Kognitive Psychologie.* Zweite Auflage. Heidelberg: Spektrum.

Arnold, Karin/Dietrich, Volkmar (Hrsg.). 2007. *Fokus Chemie: Gymnasium 1.* Berlin: Cornelsen.

Beyer, Klaus (Hrsg.). 2004. „Die Bedeutung der „Kritisch-konstruktiven Didaktik für den Fachunterricht“ In: *Planungshilfen für den Fachunterricht : die Praxisbedeutung der wichtigsten allgemein-didaktischen Konzeptionen.* Baltmannsweiler: Schneider Verlag Hohengehren, S. 40-78.

Bovet, Gislinde. 2006. „Wissenserwerb und Problemlösen“. In: Bovet, Gislinde/Huwendiek, Volker (Hrsg.). 2006. *Leitfaden Schulpraxis.* Berlin: Cornelsen Scriptor, S. 195-230.

Eckebrecht, Hanna et al. 2006. *Experimentesammlung Sekundarstufe I.* Stuttgart: Klett.

Entwurfsfassung Kernlehrplan für das Fach Chemie für die Jahrgangsstufen 5–9 in Gymnasien des Landes NRW (http://www.standardsicherung.schulministerium.nrw.de/lehrplaene/upload/klp-ch-g8-07-11-16.pdf). Stand 16. Nov. 2007.

Entwurfsfassung Kernlehrplan für das Fach Physik für die Jahrgangsstufen 5–9 in Gymnasien des Landes NRW (http://www.standardsicherung.schulministerium.nrw.de/lehrplaene/upload/klp-ph-g8-07-11-16.pdf). Stand 16. Nov. 2007.

Freytag, Kurt (Hrsg.). 2007. *Biologische Kurzversuche.* Köln: Aulis Verlag Deubner.

Gilbert, Peter et al. (Hrsg.). 2006. *Grüne Reihe Materialien: Zellbiologie.* Braunschweig: Westermann Schroedel Diesterweg.

Green, Norm. 2004. „Kooperatives Lernen“ In: *Materialien des Hauptseminars 07/09 des Studienseminars Leverkusen,* M2.

Gruschka, Andreas/Martin, Ellen. 2002: „Die Klippert-Schule als Retterin in der Not?“ In: *Frankfurter Rundschau* 25.07.2002, S. 6.

Gudjons, Herbert. 2006. „Neue Unterrichtskultur – veränderte Lehrerrolle“ In: *Materialien des Hauptseminars 07/09 des Studienseminars Leverkusen,* M30.

Huwendiek, Volker. 2006. „Didaktische Modelle“ In: Bovet, Gislinde/Huwendiek, Volker (Hrsg.). 2006. *Leitfaden Schulpraxis.* Berlin: Cornelsen Scriptor, S. 31-67.

Joußen, Heinrich (Hrsg.). 2003. *Biologie heute entdecken 11.* Hannover: Schroedel.

Kaube, Jürgen. 2008. „Der Verkäufer“. In *Frankfurter Allgemeine Sonntagszeitung,* 30.03.2008, S. 14.

Klippert, Heinz. 2007. *Methodentraining.* Weinheim: Beltz Verlag.

Klafki, Wolfgang. 1963. „Fünfte Studie: Didaktische Analyse als Kern der Unterrichtsvorbereitung (1958)“ In: *Studien zur Bildungstheorie und Didaktik.* Weinheim/Basel: Beltz, S. 126 - 153.

Klafki, Wolfgang. 1991. Neue Studien zur Bildungstheorie und Didaktik. Zeitgemäße Allgemeinbildung und kritisch-konstruktive Didaktik. Weinheim/Basel: Beltz.

Köhler, Karlheinz. 2004. „Welche fachgemäßen Arbeitsweisen werden im Biologieunterricht eingesetzt?“ In: Spörhase-Eichmann, Ulrike/Ruppert, Wolfgang (Hrsg.). 2004. *Biologie Didaktik.* Berlin: Cornelsen Scriptor. S. 146-159.

Krüger, Dirk/Mayer, Jürgen (Hrsg.). 2006. *Unterricht Biologie – Forscherheft: Biologisches Forschen planen und durchführen.* Velber: Friedrich Verlag.

Mayer, Jürgen/Ziemek, Hans-Peter. 2006. „Offenes Experimentieren: Forschendes Lernen im Biologieunterricht“. In: Mayer, Jürgen (Hrsg.). *Unterricht Biologie – Offenes Experimentieren.* Velber: Friedrich Verlag, S. 4-11.

Ludwig, Oliver Marco et. al. 2007. *Biologie Chemie – Protokoll und Experiment.* Stuttgart: Klett.

Ministerium für Schule und Weiterbildung, Wissenschaft und Forschung des Landes Nordrhein-Westfalen (Hrsg.). 1999. *Richtlinien und Lehrpläne für die Sekundarstufe II – Gymnasium/Gesamtschule in NRW – Biologie.* Frechen: Ritterbach.

Ministerium für Schule und Weiterbildung des Landes Nordrhein-Westfalen (Hrsg.). 2007 *Richtlinien zur Sicherheit im Unterricht an allgemeinbildenden Schulen in Nordrhein-Westfalen (RISU-NRW).* Frechen: Ritterbach.

Miram, Wolfgang/Scharf, Karl-Heinz (Hrsg.). 1997. *Biologie Heute SII.* Hannover: Schroedel.

Reiter, Anne Kathrin. 2007. „Der Lehrerflüsterer“. In: Markwort, Helmut (Hrsg.). 2007. Focus-Schule 4/07. München: Focus Magazin Verlag GmbH, S. 130.

Risse, Erika. 2006. „Neue Anfänge – Wie Schüler den Übergang in die Oberstufe erleben". In: Becker Gerold et. al.. 2006. *Diagnostizieren und Fördern – Friedrich Jahresheft XXIV*. Seelze: Friedrich Verlag, S 46-48.

Staeck, Lothar. 1987. *Zeitgemäßer Biologieunterricht. Eine Didaktik.* Berlin: Cornelsen.

Stäudel, Lutz. 2007. „Guter Unterricht mit guten Aufgaben: Beispiele aus den naturwissenschaftlichen Fächern". In: Becker Gerold et. al.. 2007. *Guter Unterricht – Friedrich Jahresheft XXV*. Seelze: Friedrich Verlag, S.47-49.

Strasburger, Eduard. 1976. *Kleines botanisches Praktikum für Anfänger*. Stuttgart: Fischer

Weitzel, Holger. 2004. „Welche Bedeutung haben vorunterrichtliche Vorstellungen für das Lernen?" In: Spörhase-Eichmann, Ulrike/Ruppert, Wolfgang (Hrsg.). 2004. *Biologie Didaktik*. Berlin: Cornelsen Scriptor. S. 75-96.

Wenzel, Hartmut. 1987. *Unterricht und Schüleraktivität: Probleme und Möglichkeiten der Entwicklung von Selbststeuerungsfähigkeiten im Unterricht.* Weinheim: Deutscher Studienverlag.

Winkler, Dr. Hans-Jürgen/Wolff, Volker. 2001. *Biologie – Grundlagen, Arbeitstechniken und Methoden*. Freising: Stark.

ANHANG

Im Folgenden habe ich alle Informationen angefügt, die Lehrer und Schüler im Rahmen des „Moduls zur Schulung von Kompetenzen naturwissenschaftlichen Arbeitens" erhalten. Auf die Materialien für die Lehrkraft folgen sämtliche Schülerarbeitsblätter.

Übersicht über das Modul

Worum geht's?

Dieses Modul soll den SuS ein Verständnis naturwissenschaftlicher Arbeitsweisen vermitteln. Der naturwissenschaftliche Erkenntnisweg verläuft i. d. R. nach einem einheitlichen Muster (.s. AB „Der naturwissenschaftliche Erkenntnisweg", Seite -4-), das im naturwissenschaftlichen Unterricht der Oberstufe immer wieder Anwendung findet. Die Lehrkraft sollte also während der Durchführung darauf hinweisen, dass die SchülerInnen diesen Phasen der wissenschaftlichen Vorgehensweise immer wieder begegnen werden.

Material:

- Arbeitsblätter und Lehrermaterialien
- Chemische Stoffe und div. Gefäße (s. Versuchsanleitungen Seite -3-, Seite -8- und Seite -10-)

Ablauf (der detaillierte Ablauf des Moduls geht aus den Lehrermaterialien selbst hervor):

- Lehrerversuch zur Diffusion (Frontal)
- Schülerversuch zur Diffusion (Partnerarbeit)
- Zusammenfassung der Ergebnisse (Plenum)
- Schülerversuch zur Osmose (Partnerarbeit)
- Zusammenfassung der Ergebnisse (Plenum)
- Reflektion der Methode (Plenum)

Vorabinformationen für die Lehrkraft:

Die ***Diffusion*** bezeichnet die selbstständige Durchmischung zweier Stoffe aufgrund der Eigenbewegung ihrer Teilchen. Je höher die Temperatur, desto stärker ist diese Teilchen-Bewegung (Brown'sche Molekularbewegung). Dieses Phänomen lässt sich gut anhand von Experimenten beobachten, bei denen man Kaliumpermanganat ($KMnO_4$) in Wasser gibt. Das gelöste Kaliumpermanganat (K^+ und MnO_4^-) verteilt sich allmählich im Wasser bis das Konzentrationsgefälle beider Stoffe ausgeglichen bzw. bis der größte Grad an Unordnung (maximale Entropie) erreicht ist.
Eine Membran, die so kleine Poren hat, dass sie nur kleine Teilchen durchlässt, große aber nicht, nennt man semipermeabel (lat. *semi* „halb", „teilweise" und *permeabel* „durchlässig"). Dies trifft z. B. auf Einmachhaut zu, die zwar Wasser durchlässt, Zucker jedoch nicht. Die Moleküle des Wassers (H_2O) sind sehr klein und diffundieren durch die Membran, Haushaltszucker (Saccharose) besteht jedoch aus sehr großen Molekülen ($C_{12}H_{22}O_{11}$).
Bringt man eine Zuckerlösung in ein Gefäß, das durch eine semipermeable Membran von reinem Wasser getrennt ist, so findet eine einseitig gerichtete Diffusion statt. Da die Teilchenzahl der Wassermoleküle in der Zuckerlösung geringer ist als in reinem Wasser und nur Wassermoleküle, nicht aber Zuckermoleküle durch die Membran treten können, wandern mehr Wassermoleküle in die Lösung hinein als umgekehrt. Es kommt also zu einem Wassereinstrom in die Lösung und damit zu einem Niveauunterschied in den beiden Gefäßkammern. Die Folge ist ein osmotischer Druck. Ein solcher, in der Bilanz einseitiger, Diffusionsvorgang durch eine Membran heißt ***Osmose***.

Es ist zwar davon auszugehen, dass die SchülerInnen bereits in den ersten NW-Stunden der Jgst. 11 eine Sicherheitseinweisung bekommen haben, in der sie über Vorsichtsmaßnahmen in Fachräumen unterrichtet worden sind. Falls SchülerInnen aber dennoch Unsicherheiten zeigen, kann eine kurze Belehrung anhand des folgenden Blattes „Sicher im Labor arbeiten" erfolgen. In jeden Fall sollten die SchülerInnen aber angeleitet werden, sauber und sorgfältig zuexperimentieren (Zuckerwasser klebt!).

1. Sicher im Labor arbeiten

Lehrerversuch Diffusion

Materialien:

Eine flache Petrischale (Ø ca. 10 cm) mit Wasser; ein Mikrospatel; Kaliumpermanganat*; OHP.

Versuchsaufbau und Hypothesenbildung: *(ca. 10 Minuten)*

Für den Versuch wird die Schale bis zur Hälfte mit Wasser gefüllt und zur Projektion auf den OHP gestellt (dies sollte möglichst schon vor Beginn der Stunde geschehen, damit das Wasser Zeit hat, völlig zur Ruhe zu kommen). Bevor das Experiment beginnt, erklärt die Lehrkraft (L) den SchülerInnen (S) kurz, was im Folgenden passiert und bittet sie, zu formulieren, was sie erwarten. Es ist hilfreich für die Schüler, wenn L das Wort *Kaliumpermanganat* an die Tafel schreibt, da es für die meisten SchülerInnen unbekannt sein wird.

L: „Wir beginnen gleich mit einem einfachen Versuch. Ich habe hier eine Schale mit Leitungswasser. Nachdem sich das Wasser beruhigt hat, gebe ich hier einige Kristalle Kaliumpermanganat hinzu. Was glaubt Ihr, was passieren wird?"

S: „Die Kristalle lösen sich auf."
„Es passiert nichts."
„Die Kristalle färben das Wasser."
„Die Kristalle lösen sich nicht auf."
...

Durchführung: *(ca. 20 Minuten)*

L: *Gibt einige Körnchen Kaliumpermanganat in das Wasser und gibt den SuS zwei Minuten Zeit, zu beobachten was passiert.*

An der Stelle, wo das Kaliumpermanganat ins Wasser gegeben wird, entsteht eine intensive Rotfärbung. Im Verlauf der Stunde diffundiert die Rotfärbung langsam auseinander (s. u.). Wichtig ist, die Schale nicht zu bewegen, so dass nur die Diffusion für die Ausbreitung der Färbung verantwortlich ist. Während die SchülerInnen die beginnende Ausbreitung des Farbstoffs im Wasser beobachten, teilt die Lehrkraft das erste Arbeitblatt „Der naturwissenschaftliche Erkenntnisweg" aus.

L: „Nun haben wir unseren Versuch angesetzt. Wir wollen aber noch etwas warten, bis wir unsere Beobachtungen formulieren. In dieser Zeit lest ihr bitte das ausgeteilte Arbeitsblatt!"

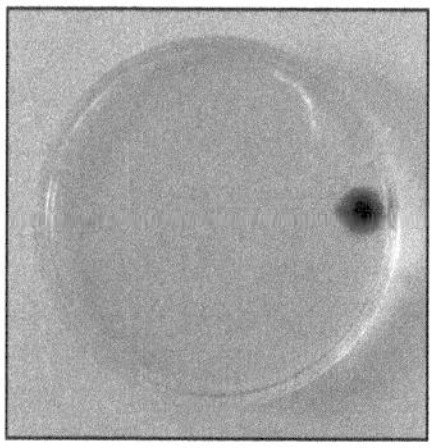

Nach 1 Minute

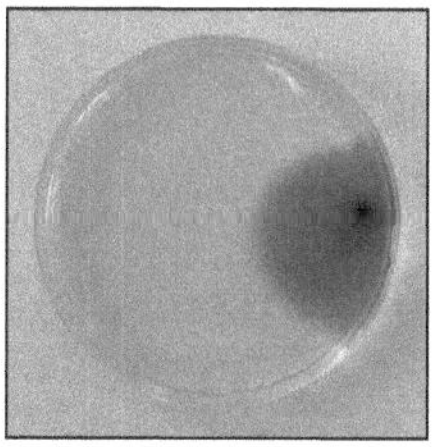

Nach 10 Minuten

Nach 20 Minuten

* Kaliumpermanganat ist gesundheits- und umweltschädlich und muss daher im Chemieabfall entsorgt werden.

Name: ____________________ Kurs: ____________ Datum: ____________

Der naturwissenschaftliche Erkenntnisweg

Naturwissenschaftler (also Biologen, Chemiker und Physiker) versuchen seit Hunderten von Jahren Erkenntnisse über die Welt, in der wir leben sowie über das Leben selbst zu gewinnen und naturwissenschaftliche Probleme zu lösen. Dabei hat sich im Laufe der Zeit eine bewährte Vorgehensweise entwickelt, die man den *naturwissenschaftlichen Erkenntnisweg* nennt. Diese Methode läuft im Prinzip immer nach dem gleichen Schema ab: Aufgrund bisheriger Erkenntnisse äußert man Hypothesen* und überprüft diese dann anhand der Realität. Grundsätzlich gibt es zwei Möglichkeiten, Arbeitshypothesen zu überprüfen: Entweder durch Beobachtungen oder durch Experimente. Wenn die Überprüfung die Hypothesen widerlegt (falsifiziert), muss man sie verwerfen. Werden diese Vermutungen jedoch untermauert (verifiziert), gelangt man zu einer schlüssigen Theorie, aus der man dann Gesetzmäßigkeiten abzuleiten versucht. Diese können künftig als Ansatzpunkte für weitere Theorien dienen.

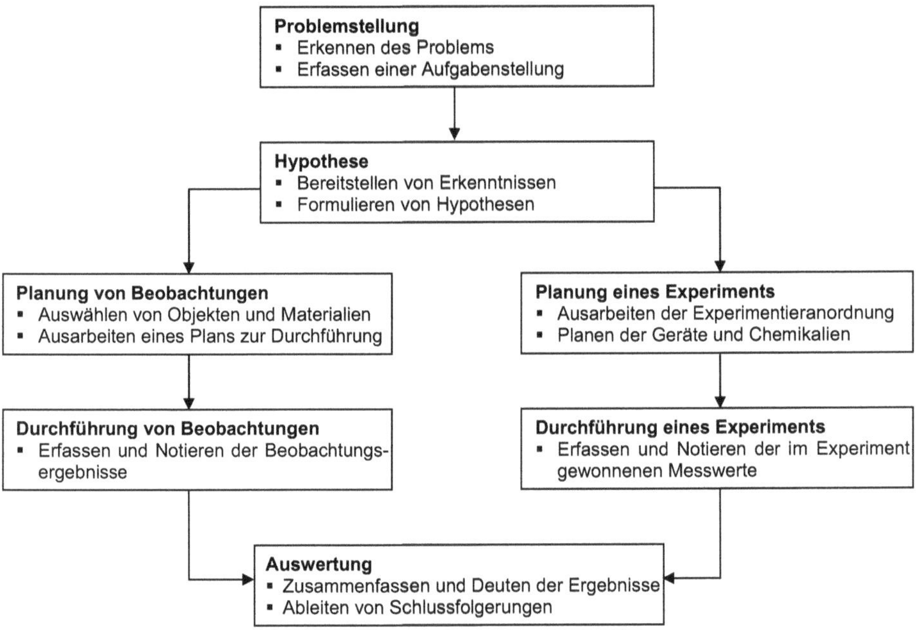

Das Protokoll

Ein Protokoll hat die Aufgabe, die „Wirklichkeit" möglichst getreu zu dokumentieren, d. h. es versucht, Handlungen von Personen, Vorgänge oder Abläufe vollständig und ohne subjektive Wertungen darzustellen. Eine in den Naturwissenschaften sehr bedeutsame Variante des Protokolls ist das Versuchsprotokoll. Ein Versuchsprotokoll ermöglicht Verfassern und Lesern, den durchgeführten Versuch nachzuvollziehen und die Ergebnisse zu verstehen. Der Weg, der zu einer bestimmten Erkenntnis geführt hat, wird so für alle anschaulich. Außerdem „zwingt" eine Verschriftlichung des Versuchs die Durchführenden zu einer bewussten und strukturierten Vorgehensweise. Ein Versuchsprotokoll ist also keine „Schikane, sondern dient z. B. auch als Gedächtnisstütze. So kann sie auch beim Lernen und Wiederholen für Klassenarbeiten o. ä. helfen.

---

* Als eine *Hypothese* (altgriechisch πόθεσις (*hypóthesis*) = *die Unterstellung, Voraussetzung, Grundlage*) bezeichnet man eine Aussage, deren Gültigkeit bloß vermutet wird, die aber im Gegensatz zu einer Spekulation nicht nur widerspruchsfrei zu dem allgemeinen Wissen steht, sondern auch begründet werden kann.

Beobachtungen und Auswertung: *(ca. 10 Minuten)*

Nachdem die SchülerInnen sich anhand des Arbeitsblattes über den naturwissenschaftlichen Erkenntnisweg informiert haben, sollen sie nun ihre Beobachtung bzgl. des Versuchs formulieren und interpretieren. Die Beobachtungen werden vom Lehrer oder der Lehrerin an der Tafel festgehalten.

L: „Nun haben wir 20 Minuten Zeit gehabt, zu beobachten, was passiert ist. Was habt ihr beobachtet?"

S: „Die Kristalle lösen sich langsam auf und verteilen sich im Wasser."
„Die Farbintensität wird geringer."
...

L: „Was könnte der Grund für diese Verteilung sein?"

S: „Das Wasser durchmischt sich." (*Diese Aussage wäre falsch, denn das Wasser steht still!*)
„Die Teilchen bewegen sich im Wasser so lange, bis das Konzentrationsgefälle ausgeglichen ist."
„Die Farbkristalle bewegen sich aufgrund der Eigenbewegung der Teilchen/Brown'schen Molekularbewegung."
...

Sollten die SchülerInnen an dieser Stelle Probleme mit der Interpretation haben, kann als Impuls die Folie „Stoffgemische“ (s. u.) aufgelegt werden. Sie zeigt eine Seite aus einem Schülerbuch für den Chemieunterricht der Mittelstufe und sollte den SchülerInnen als kleine „Auffrischung“ bereits gelernten Wissens dienen, so dass sie mit Hilfe dieses Impulses zu den oben genannten Äußerungen fähig sein sollten.

L: *Teilt das Arbeitsblatt* „Eigenbewegung der Stoffe" *aus.*

„Bisher haben wir die einzelnen Versuchsschritte bisher nur mündlich beschrieben. Bitte haltet nun die einzelnen Schritte schriftlich auf dem ausgeteilten Arbeitsblatt fest!"

Protokoll der bisherigen Ergebnisse: *(ca. 10 Minuten)*

Nun sollen die SchülerInnen auf dem Arbeitsblatt „Die Eigenbewegung der Teilchen“ ihre bisherigen Erkenntnisse festhalten. Das Arbeitsblatt ist stark vorstrukturiert, so dass sie beim Ausfüllen gezwungenermaßen die Schritte des naturwissenschaftlichen Arbeitens befolgen.

Am Ende dieser Einzelarbeit steht die Aufforderung, mit einem Partner einen Versuch zu entwickeln, mit dem mögliche Einflussfaktoren auf die Geschwindigkeit der Diffusion ermittelt werden können.

Dieser Versuch wird auf dem Arbeitsblatt „Schülerversuch: Wovon hängt die Geschwindigkeit der Diffusion ab?“ protokolliert.

Stoffgemische

Quelle: *Fokus Chemie* 7, S. 37.

Name: ______________________________ Kurs: _________________ Datum: _________________

Methodentraining – Naturwissenschaftliches Modul (L)

Die Eigenbewegung der Teilchen

Auf dem vorangegangenen Arbeitsblatt hast du einiges über den naturwissenschaftlichen Erkenntnisweg gelernt. Diesen Erkenntnisweg sollst du nun mit deinem Nachbarn üben. Wie ihr wisst, ist der erste Schritt die Formulierung eines Problems. Wie könnte die Frage des Experiments mit den Farbkristallen lauten?

Problemstellung: Was passiert, wenn man einen wasserlöslichen, farbintensiven Stoff (Kaliumpermanganat) in Wasser gibt?

Als nächster Schritt folgt die Bildung von Hypothesen, d .h. das Äußern von Vermutungen über das Resultat des Experiments. Das habt ihr am Anfang der Einheit bereits in der Gruppe getan. Fasst hier noch einmal die wichtigsten Hypothesen zusammen!

Hypothesenbildung: 1) Die Kristalle schwimmen oben auf. 3) Die Kristalle lösen sich auf.
2) Die Kristalle färben das Wasser. 4) Die Kristalle lösen sich nicht auf.

Da das Experiment bereits durch euren Lehrer/Eure Lehrerin geplant und durchgeführt wurde, entfallen an dieser Stelle die Schritte der **Planung** und **Durchführung**. Ihr werdet in der nächsten Unterrichtsphase Gelegenheit haben, diese Schritte zu üben.

Welche **Beobachtungen** konntet ihr bzgl. des Experiments machen? Welche Vermutungen haben sich bestätigt?

Die Teilchen haben sich im Laufe des Experiments weiter verteilt. Die Farbintensität hat mit der Zeit abgenommen. Die Geschwindigkeit der Diffusion nimmt ab.

Auswertung: Welche Erklärung habt Ihr für diese Ergebnisse?

Die Kristalle des Kaliumpermanganats haben sich im Wasser aufgelöst und verteilt. Teilchen in einer Lösung befinden sich ständig in einer ungerichteten Eigenbewegung. Dabei stoßen sie oft aneinander und verteilen sich so in der gesamten Flüssigkeit. Die Diffusion gleicht mit der Zeit das Konzentrationsgefälle aus und die Durchmischung geht so lange weiter, bis überall im Gefäß die gleiche Konzentration herrscht. Je höher das Konzentrationsgefälle, desto schneller die Diffusion, bzw. je ausgeglichener der Konzentrationsunterschied, desto langsamer die Diffusion.

Hypothesenbildung: Von welchen Faktoren könnte die Geschwindigkeit des beobachteten Phänomens abhängen?

1) Temperatur des Wassers
2) Konzentration/Menge des Kaliumpermanganats

Aufgabe: Entwickelt einen Versuch, um eure Hypothese zu überprüfen! Führt diesen Versuch durch und protokolliert die einzelnen Schritte auf dem folgenden Arbeitsblatt!

Name: ______________________________ Kurs: ________________ Datum: ________________

Schülerversuch: Wovon hängt die Geschwindigkeit der Diffusion ab?

Planung: Material: *2 Petrischalen, heißes und kaltes Wasser, ein Mikrospatel, Kaliumpermanganat*

Versuchsskizze/Zeichnung:

Nach 1 Minute:

20 °C *60 °C*

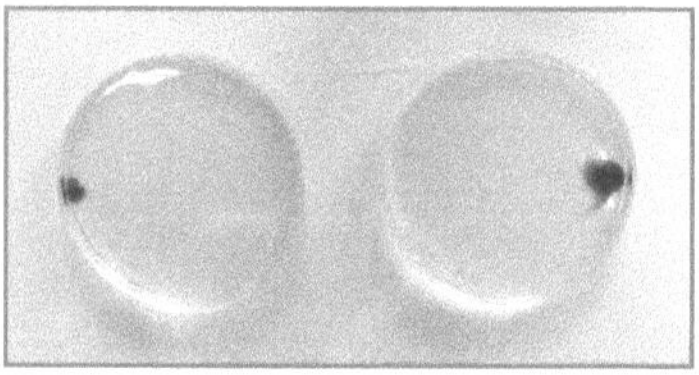

Nach 10 Minuten:

20 °C *60 °C*

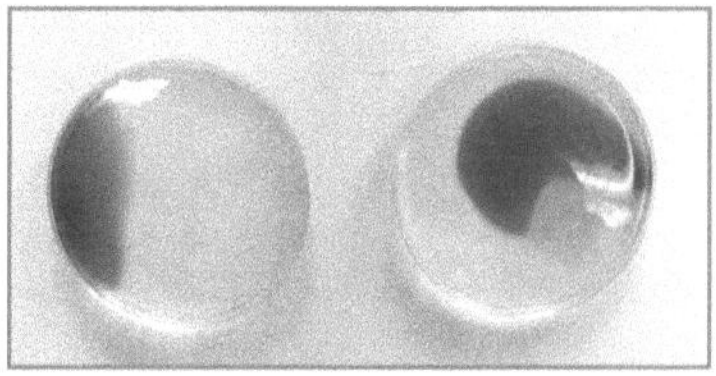

Durchführung: *Man nimmt zwei Petrischalen und füllt in die eine kaltes Leitungswasser (ca. 20 °C), in die andere Wasser aus dem heißen Hahn (ca. 60 °C). In beide gibt man die gleiche Menge an Kaliumpermanganat. Nun beobachtet man, wie die Kristalle diffundieren.*

Beobachtungen: *Im warmen Wasser lösen sich die Kristalle schneller auf und die einzelnen Teilchen verteilen sich schneller über die Petrischale als im kälteren Wasser. Die Färbung in der warmen Petrischale verteilt sich über ein größeres Volumen, ist aber deutlich weniger intensiv. Die Geschwindigkeit der Diffusion nimmt zunehmend ab.*

Auswertung: *Die Temperaturerhöhung hat die Diffusion beschleunigt. Je niedriger die Temperatur, desto langsamer bewegen sich die Teilchen. Bei höheren Temperaturen haben die Teilchen eine schnellere Eigenbewegung. Sie können in der gleichen Zeit größere Strecken zurücklegen, sich schneller im Lösungsmittel verteilen und den Konzentrationsunterschied schneller abbauen.*

Wenn der Konzentrationsunterschied zwischen den mischbaren Stoffen sehr hoch ist, läuft die Diffusion schneller ab als bei einem geringeren Konzentrationsunterschied. Die Diffusionsgeschwindigkeit nimmt ab, je weiter sich Kaliumpermanganat ausbreitet und je weniger intensiv die Färbung wird, d. h. je niedriger seine Konzentration wird.

L: „Nun wissen wir also, was Diffusion ist. Auf dem folgenden Arbeitsblatt ist dieses Prinzip noch einmal zusammen gefasst. Außerdem lernt ihr dort ein weiteres biologisches Phänomen kennen: Die semipermeable Membran."

Teilt das Arbeitblatt „Mechanismen des Stofftransports" *aus.*

Name: ______________________ Kurs: ____________ Datum: ____________

Binnendifferenzierung

Wie funktioniert Wissenschaft?

Quelle: *Unterricht Biologie 318 - 2006 - KOMPAKT*

Mechanismen des Stofftransports

Alle Teilchen in einer Lösung haben eine bestimmte ungerichtete Eigenbewegung. Je höher die Temperatur, desto stärker ist diese Teilchenbewegung. Sie heißt nach ihrem Entdecker Brown'sche Molekularbewegung. Auch die Farbstoffteilchen in der Lösung bewegen sich auf diese Weise hin und her, stoßen dabei auch aneinander und breiten sich schließlich in dem zur Verfügung stehenden Raum langsam aus. Diese Teilchenbewegung bezeichnet man als *Diffusion*. Man sagt auch: die Farbstoffteilchen (z. B. Kaliumpermanganat) diffundieren in das Lösungsmittel (Wasser) hinein. Natürlich zeigen auch Wassermoleküle diese Eigenbewegung und dringen ihrerseits zwischen die Farbstoffteilchen ein. Die sichtbare langsame Durchmischung der Flüssigkeit bewirkt, dass schließlich überall im Gefäß die gleiche Konzentration beider Stoffe herrscht. Dieses Phänomen kennst Du vom Zucker der sich langsam im Kaffee auflöst, bis der gesamte Kaffee süß schmeckt. Diffusion erfolgt auch durch Grenzschichten hindurch, wenn sie für die betreffenden Teilchen durchlässig sind. So können z.B. Wasser und gelöste Zuckerteilchen die Cellulosewände pflanzlicher Zellen relativ ungehindert durchdringen. Die Zellwand ist permeabel (durchlässig) für Wasser und gelöst Teilchen.
Anders liegen die Verhältnisse bei der Zellmembran der Pflanzenzellen. Sie ist durchlässig für Wasser, nicht aber für darin gelöste Teilchen. Die Zellmembran ist also semipermeabel. Dieses Prinzip ermöglicht es der Zelle, aus den sie umgebenden Stoffen eine Auswahl zu treffen. Dies geschieht i. d. R. über die Größe. Stoffe, die aus kleinen Molekülen bestehen, können eine solche Membran durch ihre Poren passieren. Große Moleküle passen nicht durch diese Poren.

Hypothese: Das bedeutet, dass Stoffe, die durch eine solche semipermeable Membran getrennt sind, sich unterschiedlich verhalten. Der Stoff, der aus kleinen Molekülen besteht, diffundiert auf Grund der Eigenbewegung seiner Teilchen in den anderen hinein und strebt einem Konzentrationsausgleich entgegen. Der Stoff mit großen Molekülen kann die Membran aber trotz des Konzentrationsgefälles nicht passieren.

Folgendes **Material** steht euch zur Verfügung: Petrischalen, Einmachhaut (semipermeable Membran), Gummiband, Wasser, Zucker, Teelöffel

Planung: Entwickelt (in Partnerarbeit) anhand der euch zur Verfügung stehenden Materialien einen Versuch, um diese Hypothese zu überprüfen!

Skizziere einen möglichen Versuchsaufbau:

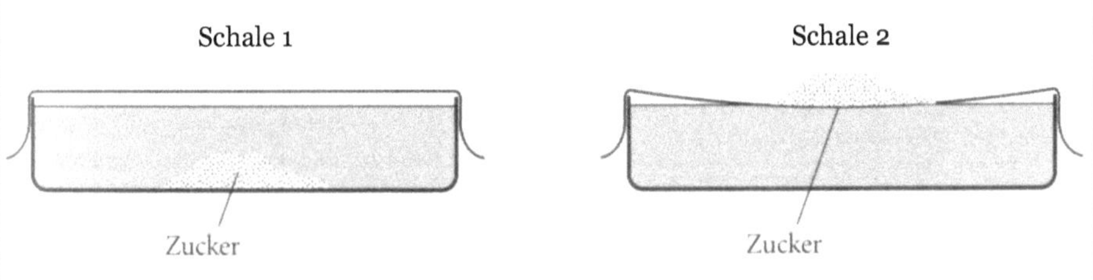

Name: ______________________________ Kurs: ________________ Datum: ________________

Experiment mit einer semipermeablen Membran

Nachdem ihr euch in der Gruppe auf eine einheitliche Planung des Experiments geeinigt habt, könnt ihr nun mit der **Durchführung** des Versuchs beginnen.

Protokolliere hier die Versuchsdurchführung und **Beobachtungen**:

Beide Schalen werden bis kurz unter den Rand mit Wasser gefüllt. Das Wasser in beiden Schalen schmeckt neutral.

Wenn sich das Wasser beruhigt hat, wird in Schale 1 ein gestrichener Teelöffel Zucker gegeben. Darüber wird ein Stück Einmachhaut gespannt.

Auch über Schale 2 spannt man ein Stück Einmachhaut so, dass sie in der Mitte die Wasseroberfläche berührt und gibt einen gestrichenen Teelöffel Zucker auf die Folie.

Nach 10 Minuten sieht man, dass sich der Zucker in Schale 1 teilweise aufgelöst hat. Das Wasser schmeckt nun süß. Der Zucker in Schale 2 hat Wasser aufgenommen und begonnen, sich in diesem Wasser aufzulösen. Das Wasser unterhalb der Einmachhaut schmeckt jedoch nicht süß.

Auswertung: Welche Schlüsse könnt ihr aus euren Beobachtungen ziehen?

In Schale 1 hat sich der Zucker aufgelöst und konnte frei in das Wasser diffundieren. Daher schmeckt es süß.

In Schale 2 geht der auf der Folie befindliche Zucker langsam in Lösung, weil Wasser durch die Poren der Folie durch diffundiert ist. Das Wasser schmeckt aber nicht süß, das bedeutet, dass der Zucker nicht umgekehrt in das Wasser diffundiert ist. Das liegt daran, dass Wassermoleküle kleiner sind, als Zuckermoleküle (s. u.). Nur kleine Teilchen gelangen durch die Poren der Einmachhaut. Wasser diffundiert auf Grund seiner thermischen Eigenbewegung hindurch, Zucker ist zu groß.

Während die freie Diffusion die gleichmäßige Durchmischung von Stoffen bewirkt, erfolgt die Osmose durch eine selektiv durchlässige Membran hindurch, so dass für einen bestimmten Stoff nur ein einseitig gerichteter Stofftransports möglich ist. Bei Flüssigkeiten ist die Membran in der Regel für Wasser durchlässig, wobei die Wassermoleküle immer in Richtung der höher konzentrierten Lösung streben, also dorthin, wo sie selber in vergleichsweise geringer Konzentration vorliegen.

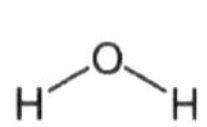

Wassermolekül

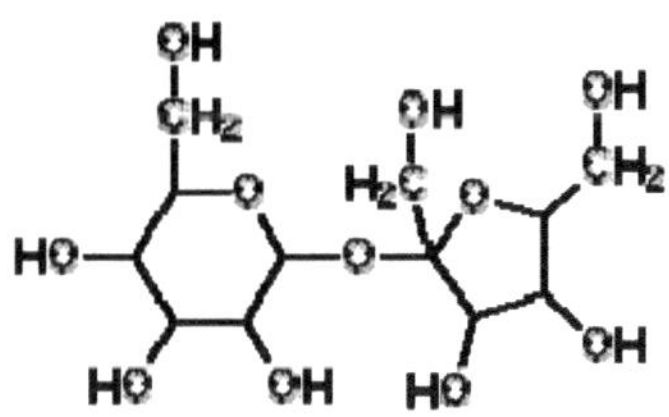

Zuckermolekül

Name: ______________________________ Kurs: ________________ Datum: ________________

Der naturwissenschaftliche Erkenntnisweg

Naturwissenschaftler (also Biologen, Chemiker und Physiker) versuchen seit Hunderten von Jahren Erkenntnisse über die Welt, in der wir leben sowie über das Leben selbst zu gewinnen und naturwissenschaftliche Probleme zu lösen. Dabei hat sich im Laufe der Zeit eine bewährte Vorgehensweise entwickelt, die man den *naturwissenschaftlichen Erkenntnisweg* nennt. Diese Methode läuft im Prinzip immer nach dem gleichen Schema ab: Aufgrund bisheriger Erkenntnisse äußert man Hypothesen* und überprüft diese dann anhand der Realität. Grundsätzlich gibt es zwei Möglichkeiten, Arbeitshypothesen zu überprüfen: Entweder durch Beobachtungen oder durch Experimente. Wenn die Überprüfung die Hypothesen widerlegt (falsifiziert), muss man sie verwerfen. Werden diese Vermutungen jedoch untermauert (verifiziert), gelangt man zu einer schlüssigen Theorie, aus der man dann Gesetzmäßigkeiten abzuleiten versucht. Diese können künftig als Ansatzpunkte für weitere Theorien dienen.

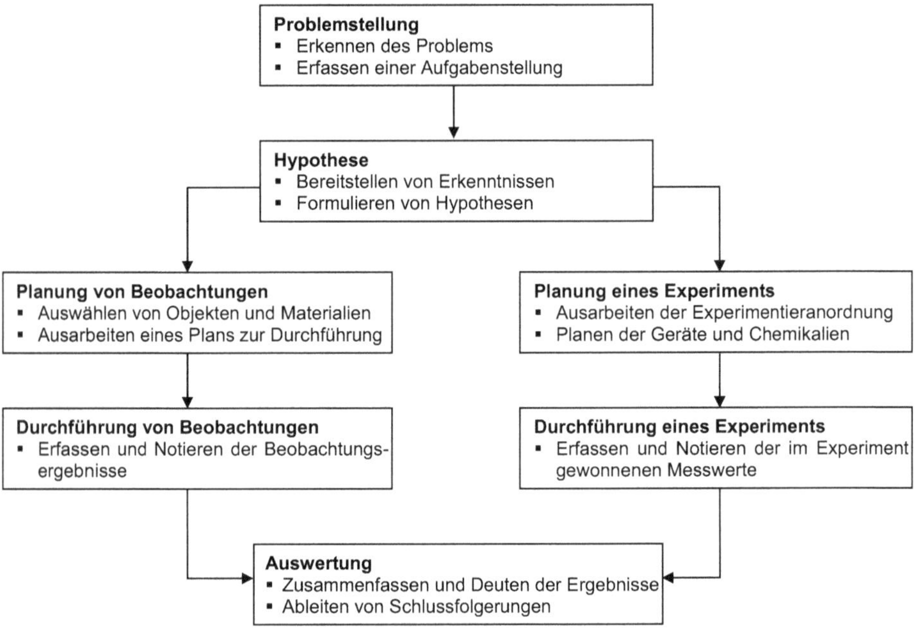

Das Protokoll

Ein Protokoll hat die Aufgabe, die „Wirklichkeit" möglichst getreu zu dokumentieren, d. h. es versucht, Handlungen von Personen, Vorgänge oder Abläufe vollständig und ohne subjektive Wertungen darzustellen. Eine in den Naturwissenschaften sehr bedeutsame Variante des Protokolls ist das Versuchsprotokoll. Ein Versuchsprotokoll ermöglicht Verfassern und Lesern, den durchgeführten Versuch nachzuvollziehen und die Ergebnisse zu verstehen. Der Weg, der zu einer bestimmten Erkenntnis geführt hat, wird so für alle anschaulich. Außerdem „zwingt" eine Verschriftlichung des Versuchs die Durchführenden zu einer bewussten und strukturierten Vorgehensweise. Ein Versuchsprotokoll ist also keine „Schikane, sondern dient z. B. auch als Gedächtnisstütze. So kann sie auch beim Lernen und Wiederholen für Klassenarbeiten o. ä. helfen.

---

* Als eine *Hypothese* (altgriechisch πόθεσις (*hypóthesis*) = *die Unterstellung, Voraussetzung, Grundlage*) bezeichnet man eine Aussage, deren Gültigkeit bloß vermutet wird, die aber im Gegensatz zu einer Spekulation nicht nur widerspruchsfrei zu dem allgemeinen Wissen steht, sondern auch begründet werden kann.

Name: ______________________ Kurs: ______________ Datum: ______________

Die Eigenbewegung der Teilchen

Auf dem vorangegangenen Arbeitsblatt hast du einiges über den naturwissenschaftlichen Erkenntnisweg gelernt. Diesen Erkenntnisweg sollst du nun mit deinem Nachbarn üben. Wie ihr wisst, ist der erste Schritt die Formulierung eines Problems. Wie könnte die Frage des Experiments mit den Farbkristallen lauten?

Problemstellung: ____

Als nächster Schritt folgt die Bildung von Hypothesen, d .h. das Äußern von Vermutungen über das Resultat des Experiments. Das habt ihr am Anfang der Einheit bereits in der Gruppe getan. Fasst hier noch einmal die wichtigsten Hypothesen zusammen!

Hypothesenbildung: ____

____

____

____

Da das Experiment bereits durch euren Lehrer/Eure Lehrerin geplant und durchgeführt wurde, entfallen an dieser Stelle die Schritte der **Planung** und **Durchführung**. Ihr werdet in der nächsten Unterrichtsphase Gelegenheit haben, diese Schritte zu üben.

Welche **Beobachtungen** konntet Ihr bzgl. des Experiments machen? Welche Vermutungen haben sich bestätigt?

____

____

____

Auswertung: Welche Erklärung habt Ihr für diese Ergebnisse?

____

____

____

____

Hypothesenbildung: Von welchen Faktoren könnte die Geschwindigkeit des beobachteten Phänomens abhängen? ____

____

____

Aufgabe: Entwickelt einen Versuch, um eure Hypothese zu überprüfen! Führt diesen Versuch durch und protokolliert die einzelnen Schritte auf dem folgenden Arbeitsblatt!

Name: ______________________________ Kurs: _________________ Datum: _________________

Schülerversuch: Wovon hängt die Geschwindigkeit der Diffusion ab?

Planung: Material: ____

Versuchsskizze/Zeichnung:

Durchführung: ____

____

____

____

____

____

Beobachtungen: ____

____

____

____

____

____

Auswertung: ____

____

____

____

____

Mechanismen des Stofftransports

Alle Teilchen in einer Lösung haben eine bestimmte ungerichtete Eigenbewegung. Je höher die Temperatur, desto stärker ist diese Teilchenbewegung. Sie heißt nach ihrem Entdecker Brown'sche Molekularbewegung. Auch die Farbstoffteilchen in der Lösung bewegen sich auf diese Weise hin und her, stoßen dabei auch aneinander und breiten sich schließlich in dem zur Verfügung stehenden Raum langsam aus. Diese Teilchenbewegung bezeichnet man als *Diffusion*. Man sagt auch: die Farbstoffteilchen (z. B. Kaliumpermanganat) diffundieren in das Lösungsmittel (Wasser) hinein. Natürlich zeigen auch Wassermoleküle diese Eigenbewegung und dringen ihrerseits zwischen die Farbstoffteilchen ein. Die sichtbare langsame Durchmischung der Flüssigkeit bewirkt, dass schließlich überall im Gefäß die gleiche Konzentration beider Stoffe herrscht. Dieses Phänomen kennst Du vom Zucker der sich langsam im Kaffee auflöst, bis der gesamte Kaffee süß schmeckt. Diffusion erfolgt auch durch Grenzschichten hindurch, wenn sie für die betreffenden Teilchen durchlässig sind. So können z.B. Wasser und gelöste Zuckerteilchen die Cellulosewände pflanzlicher Zellen relativ ungehindert durchdringen. Die Zellwand ist permeabel (durchlässig) für Wasser und gelöste Teilchen.
Anders liegen die Verhältnisse bei der Zellmembran der Pflanzenzellen. Sie ist durchlässig für Wasser, nicht aber für darin gelöste Teilchen. Die Zellmembran ist also semipermeabel. Dieses Prinzip ermöglicht es der Zelle, aus den sie umgebenden Stoffen eine Auswahl zu treffen. Dies geschieht i. d. R. über die Größe. Stoffe, die aus kleinen Molekülen bestehen, können eine solche Membran durch ihre Poren passieren. Große Moleküle passen nicht durch diese Poren.

Hypothese: Das bedeutet, dass Stoffe, die durch eine solche semipermeable Membran getrennt sind, sich unterschiedlich verhalten. Der Stoff, der aus kleinen Molekülen besteht, diffundiert auf Grund der Eigenbewegung seiner Teilchen in den anderen hinein und strebt einem Konzentrationsausgleich entgegen. Der Stoff mit großen Molekülen kann die Membran aber trotz des Konzentrationsgefälles nicht passieren.

Folgendes **Material** steht euch zur Verfügung: Petrischalen, Einmachhaut (semipermeable Membran), Gummiband, Wasser, Zucker, Teelöffel

Planung: Entwickelt (in Partnerarbeit) anhand der euch zur Verfügung stehenden Materialien einen Versuch, um diese Hypothese zu überprüfen!

Skizziere einen möglichen Versuchsaufbau:

Name: ______________________ Kurs: ____________ Datum: ____________

Experiment mit einer semipermeablen Membran

Nachdem ihr euch in der Gruppe auf eine einheitliche Planung des Experiments geeinigt habt, könnt ihr nun mit der **Durchführung** des Versuchs beginnen.

Protokolliere hier die Versuchsdurchführung und **Beobachtungen**:

Auswertung: Welche Schlüsse könnt ihr aus euren Beobachtungen ziehen?